地质分析卓越工程师教育培养计划系列教材

地质分析实验

帅 琴 邱海鸥 等编著

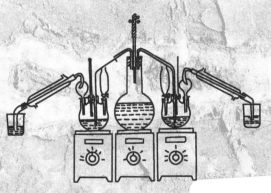

化学工业出版社
·北京·

《地质分析实验》共分 4 章,介绍了地质分析实验基础知识以及地质样品的分解及分离富集、岩石矿物分析、有机物分析共 50 个基本实验。分析方法涵盖了传统的化学分析方法和现代大型仪器分析方法;分析对象包括岩石、矿物、土壤、水体及植物样品;分析内容包括无机元素成分单元素分析,多元素同时分析,元素形态、价态分析及有机物分析等。

《地质分析实验》为高等学校应用化学专业"地质分析实验"课程的学生实验指导书,也可作为地质、冶金、石油、选矿、化工、环境及材料等工作部门分析测试人员的参考书及技术培训教材。

图书在版编目 (CIP) 数据

地质分析实验/帅琴,邱海鸥等编著. —北京:化
学工业出版社,2017.2 (2022.8 重印)
地质分析卓越工程师教育培养计划系列教材
ISBN 978-7-122-28655-0

Ⅰ.①地⋯　Ⅱ.①帅⋯ ②邱⋯　Ⅲ.①地质学-实验-
教材　Ⅳ.①P5-33

中国版本图书馆 CIP 数据核字 (2016) 第 304894 号

责任编辑:杜进祥　　　　　　　　　　　文字编辑:向　东
责任校对:王素芹　　　　　　　　　　　装帧设计:韩　飞

出版发行:化学工业出版社 (北京市东城区青年湖南街 13 号　邮政编码 100011)
印　　装:北京科印技术咨询服务有限公司数码印刷分部
787mm×1092mm　1/16　印张 7　字数 166 千字　2022 年 8 月北京第 1 版第 3 次印刷

购书咨询:010-64518888　　　　　　　　售后服务:010-64518899
网　　址:http://www.cip.com.cn
凡购买本书,如有缺损质量问题,本社销售中心负责调换。

定　　价:35.00 元

FOREWORD 前言

地质分析工作是地质科学研究和地质调查工作的重要技术手段之一。其产生的数据是地质科学研究、矿产资源及地质环境评价的重要基础，是发展地质勘查事业和地质科学研究的重要技术支撑。现代地球科学研究领域的不断拓宽对地质分析工作的需求日益增强，迫切要求地质分析技术不断地创新和发展，以适应现代地球科学研究日益增长的需求。在此背景下，根据国家教育部"卓越工程师教育培养计划"的相关规定和要求，为培养地质分析领域创新型、复合型优秀技术人才，自 2011 年起，中国地质大学（武汉）应用化学专业依托自身优势，制定了"地质分析卓越工程师教育培养计划"，并于当年开始试点工作。2013 年，"地质分析卓越工程师教育培养计划"获得教育部批复，自 2014 年起正式实施。本书即为"地质分析卓越工程师教育培养计划"系列教材之一。

"地质分析"是中国地质大学（武汉）应用化学专业的主要专业课程之一，也是"地质分析卓越工程师班"的重要专业课程。近年来地质实验测试技术发展迅速，由传统的岩石矿物分析拓展到水体、土壤及植物分析；由传统的物质成分、物相分析拓展到形态分析、元素价态分析；由传统的无机元素分析拓展到有机物分析等。本书由帅琴、邱海鸥编著，共分 4 章，第 1 章由帅琴、谢静等编写，第 2 章由邱海鸥、黄云杰等编写，第 3 章由邱海鸥、郑洪涛等编写，第 4 章由帅琴、彭月娥等编写。全书由帅琴教授统稿，汤志勇教授对本书进行了校阅。本书的出版得益于本系前辈们所积累的教学经验财富，得益于"地质分析教学与科研团队"全体人员长期从事教学与实践的结果，得益于中国地质大学（武汉）"地质分析卓越工程师教育培养计划"专项经费的资助。同时，中国地质大学（武汉）教务处和材料与化学学院领导在本书的编写过程中给予了大力支持，本团队研究生们为本书的录入付出了辛勤的劳动。在此一并表示深深的谢意。另外，特别感谢本书编写过程中所参考的书籍、文献及相关资料的作者们。

由于实验条件的限制，本书实验内容并未全面覆盖地质分析的范围，加之编著者水平有限，书中难免存在一些不足与欠妥之处，恳请读者指正和谅解。

编著者

2016 年 9 月

CONTENTS 目录

第1章 地质分析实验基础知识

1.1 实验室规则

实验室规则是人们从长期的实验室工作经验和教训中归纳总结出来的，它可以保证正常的实验环境和工作秩序，防止意外事故发生。遵守实验室规则是做好实验的前提和保障，必须严格遵守。

① 实验前一定要做好预习和实验准备工作，明确实验目的，了解实验的基本原理、方法和注意事项。

② 遵守纪律，不迟到，不早退，保持肃静，不大声喧哗，不到处乱走。

③ 实验时集中精神，认真操作，仔细观察，积极思考，详细做好实验记录。

④ 爱护国家财产，小心使用仪器和实验设备，注意节约使用水、电和煤气。实验中的各类器皿使用完毕后，应洗净放回原处。如有损坏，必须及时登记补领。

⑤ 实验仪器应整齐地摆放在实验台上，保持台面的清洁。实验中产生的废纸等垃圾应倒入垃圾箱内，酸碱废液必须小心倒入专用废液缸内。

⑥ 按规定用量取用药品，注意节约。取药品时应小心，不要撒落在实验台上。药品自瓶中取出后，不能再放回原瓶中。称取药品后，应及时盖好瓶盖，放在指定地方的药品不得擅自拿走。

⑦ 使用精密仪器时，必须严格按照操作规程进行操作，操作中要小心谨慎，避免粗心大意、损坏仪器。如发现仪器有故障，应立即停止使用，报告指导教师。

⑧ 加强环境保护意识，采取积极措施，减少有毒气体和废液对大气、水和环境的污染。产生有毒气体的实验应在通风橱内进行。

⑨ 实验完成后，应将自己所用器皿洗净并整齐摆放在实验柜内，并将实验台和试剂架擦净。

⑩ 实验结束后，值日生负责打扫和整理实验室，关闭水、电和煤气开关，并关上窗户。经主管教师检查合格后，值日生方可离开实验室。

1.2 实验操作规范

规范的操作，是地质分析实验成功的前提，更是保证实验安全的前提。因此，在做地质分析实验之前，必须首先了解和熟悉一些地质分析实验的操作规范。

1.2.1 气体钢瓶及压力容器的安全使用

储存在气瓶内的气体压力较高，当高压气瓶遇到高温或剧烈碰撞时，易发生燃烧和爆炸，有毒气体泄漏还会造成人体中毒。

（1）气体钢瓶使用原则　正确识别气体钢瓶不同种类、不同颜色标识。使用前检查气瓶标识、检验日期、气体质量、是否漏气等，如不符合，拒绝使用。

使用气体钢瓶应注意：

① 安装减压阀旋紧螺扣；不得用其他压力表替代氧气压力表；气瓶据性质不同，阀门转向不同。可燃性气瓶（如 H_2、C_2H_2）气门螺丝为反丝，不可燃或助燃气瓶（如 N_2、O_2）为正丝。

② 使用气瓶应专人搬运，放置专用场所，不得混放；钢瓶必须用铁链、钢瓶柜等固定，危险气体应有报警装置，以防止倾倒或气体泄漏引发安全事故。

③ 使用地点应通风良好，避免日晒，严禁靠近火源、电气设备和易燃、易爆物品。应定期检查气瓶是否漏气。

④ 开启气体钢瓶的顺序：逆时针旋松调压旋杆，打开钢瓶总阀门，高压表显示瓶内总压力，顺时针缓慢旋动调压器手柄，至低压表显示实验所需压力。

⑤ 开启气门时应站在气压表的一侧，不准将头或身体对准气瓶总阀，以防阀门或气压表冲出伤人。

⑥ 气瓶内气体不得用尽，需留有一定压力的气体，防止倒灌，否则空气或其他气体进入瓶内，容易导致气体不纯，发生危险。应按表 1.1 的规定保留剩余气体压力。

表 1.1　剩余压力与环境温度的关系

环境温度/℃	<0	0~15	15~25	25~40
剩余压力/MPa	0.05	0.1	0.2	0.3

⑦ 正确关闭气体钢瓶：停止使用时，先关闭总阀门，待减压阀中余气逸净后，再关闭减压阀。手柄至螺杆松动为止。

（2）常用瓶装气体的主要性质及注意事项　详见表 1.2。

表 1.2　常用瓶装气体的主要性质及注意事项

气体名称	性质	危害/危险	注意事项
氧气	其化学性质活泼，具有强烈的助燃特性，是一种强氧化剂。除贵金属金、铂及惰性气体外，其他金属都能与之发生反应	在空气中不易燃烧的物质，在纯氧中极易燃烧	氧气瓶使用切记：操作者手及工具等不得沾有油污。一旦被油脂沾污，立即用四氯化碳洗净。要使用"禁油"的氧气专用压力表
乙炔	常压下为无色、无臭的可燃气体，燃烧温度较高，与空气或氧气混合，形成爆鸣音，与氯气混合发生爆炸	浓度超过20%会使人头昏或窒息，若含较多杂质，中毒症状加重	乙炔气瓶的瓶阀使用中必须全部打开或关死，否则易漏气，如发现有发热现象，说明乙炔发生分解，应立即关闭气阀，并用水冷却瓶体，将气瓶移至安全处妥善处理。调节器需专用
氢气	氢气是自然界最轻的物质，有最大的扩散速度和导热性	与空气混合极易发生爆炸	保留残留压力为2MPa。氢气瓶应单独存放在远离实验室的小屋，用紫铜管引入实验室。实验室内严禁烟火，并安装防止回火的装置
惰性气体	常温下无毒	含量高的环境易产生窒息危险	使用和储存时要通风良好

1.2.2　实验室常用特种压力容器装置

特种压力容器通常是指内部压力大于 10MPa、小于 100MPa 并伴有高温的压力容器。如高压反应釜、安全阀、压力表等器械组合。

压力表：是测量压力大小的仪表，用来测量容器内实际压力值，操作人员可以依据压力表指示的压力对容器进行操作，将压力控制在允许的范围内。

高压釜的使用：

① 高压釜要在指定地点严格按照操作说明使用。对照铭牌，明确压力、温度等使用条件。

② 定期检查安全阀等装置，测量仪表有开裂要及时更换。

③ 操作时温度计要准确插到反应溶液中。

④ 放入高压釜的原料不得超过有效容积的 1/3。

⑤ 盖上盘式法兰盘盖时，要对称拧紧螺栓。

⑥ 高温高压设备未冷却及泄压前，切勿开启。

1.2.3　实验室常用高温装置的安全使用

在化学实验中，使用高温装置机会很多，如果操作错误，除发生烧伤外，还会引起火灾、爆炸等危险，因此，操作时必须谨慎。

（1）常用高温装置　马弗炉（电阻炉）、干燥箱、电炉等。

（2）高温装置使用注意事项

① 准备工作：熟悉高温装置的使用方法及范围，严格按说明书进行操作并选用合适的容器和耐火材料，严禁加热易燃易爆危险品，做好高温辐射防护。

② 高温装置在耐热性差的实验台上，要加垫防火板，并保留 1cm 以上空隙，以防着火。

③ 高温实验禁止接触水，急剧汽化的水会产生爆炸性并四处飞溅。要使用干燥的耐高温手套，潮湿会使导热性增大，水汽化更有烫伤手的危险。

④ 电热烘箱一般只用于烘干金属、玻璃容器和加热不分解、无腐蚀的样品。

⑤ 使用时炉膛温度不得超过最高炉温（最好在低于最高温度 50℃以下工作），也不得在额定温度下长时间工作。实验过程中，使用人不得离开，随时注意温度的变化，如发现异常情况，应立即断电，并由专业维修人员检修。

⑥ 温度超过 600℃后不要打开炉门。需要长时间注视炙热的高温火焰时，一定要佩戴深色防护眼镜。

⑦ 实验完毕后关掉电源，待样品缓慢冷却后再小心夹取样品，防止烫伤。挥发性易燃物质，禁止使用敞开式电炉丝加热。

1.3　危险化学品分类与使用安全

1.3.1　危险化学品分类

所谓危险化学品（危险物品）是指具有爆炸、易燃、毒害、感染、腐蚀、放射性等危险特性，在运输、储存、生产、经营、使用和处置中，容易造成人身伤亡、财产损毁或环境污染而需要特别防护的物质和物品。

根据国家标准《危险货物分类和品名编号》（GB 6944—2012），将所具有不同危险性的危险物品分为 9 类，其中有些类别又分为若干项。

第 1 类　爆炸品：在外界作用下（受热或撞击等）或其他物质激发，在极短时间内能发生剧烈的化学反应，瞬间产生大量的气体和热量，使周围压力急剧上升，对周围环境造成破坏的物品。

特性：强爆炸性、高敏感度、对氧无依赖性。

如：硝酸铵、三硝基苯酚（苦味酸）、三硝基甲苯（TNT）、硝化甘油等。

第 2 类　气体

（1）易燃气体　压缩或液化的氢气、甲烷、乙烷、液化石油气。特性：在常温常压下遇明火、撞击、电气、静电火花以及高温即会发生着火或爆炸。

（2）非易燃无毒气体　压缩空气、氮气、氩气。

（3）有毒气体　氯气、一氧化氮、一氧化碳、硫化氢、煤气。

第 3 类　易燃液体：在闪点温度时放出易燃蒸气的液体或液体混合物。

特性：常温下易挥发，其蒸气与空气混合能形成爆炸性混合物，遇明火易燃烧。

如：乙醚、丙酮（闪点＜−18℃）；苯、甲醇、乙醇、涂料（−18℃≤闪点＜23℃）；丁醇、氯苯、苯甲醚（23℃≤闪点＜61℃）。

【知识点】

闪点：指该液体上的蒸气与空气混合形成燃烧混合物，遇明火发生一闪即逝的燃烧的最低温度。

燃点：指该液体上的蒸气与空气混合形成燃烧混合物，遇到明火形成连续燃烧（持续时间不小于 5 s）的最低温度。

从防火角度考虑，希望闪点、燃点高些，两者的差值大些。而从燃烧角度考虑，则希望闪点、燃点低些，两者的差值也尽量小些。

第 4 类　易燃固体、自燃物品、遇湿易燃物品

（1）易燃固体　燃点和自燃点低，易燃烧爆炸。如赤磷、钠、镁、铝、铁、活性炭和硫黄粉。

（2）自燃物品　化学性质活泼，自燃点低，空气中易氧化或分解，产生热量达到自燃。如黄磷、煤、锌粉。

（3）遇湿易燃物品　遇水或受潮时发生剧烈的化学反应，放出大量易燃气体和热量，燃烧或爆炸。如锂、钠、钾、铷、铯、钙、镁、铝等金属氢化物（氢化钙）、碳化物（电石）、磷化物（磷化钙）、硼氢化物（硼氢化钠）、轻金属粉末（镁粉、锌粉）。

【注意】

① 黄磷保存于水中，不要接触皮肤。

② 钠、钾保存于煤油中，切勿与水接触。反应残渣也易着火，不得随意丢弃。

第 5 类　氧化性物质和有机过氧化物

（1）氧化性物质　本身不一定可燃，但通常因放出氧或起氧化反应可能引起或促进其他物质燃烧的物质。如硝酸钾、氯酸钾、过氧化钠、高锰酸钾。

（2）有机过氧化物　分子组成中含有过氧基的有机物质，该物质为热不稳定物质，可发生放热的自加速分解。如过氧化苯甲酰、过氧化甲乙酮、过苯甲酸。

特性：强氧化性，遇酸、碱、有机物、还原剂时，发生剧烈化学反应而引起燃爆。对碰撞或摩擦敏感。

第6类　毒性物质和感染性物质

（1）毒性物质　经吞食、吸入或皮肤接触后可能造成死亡或严重受伤或健康受损害的物质。

（2）感染性物质　含有病原体的物质，包括生物制品、诊断样品、基因突变的微生物、生物体和其他媒介，如病毒蛋白等。

毒性分级标准见表1.3。

表 1.3　毒性分级标准

分级	经口半数致死量 $LD_{50}/mg \cdot kg^{-1}$	经皮接触24h半数致死量 $LD_{50}/mg \cdot kg^{-1}$	吸入1h半数致死浓度 $LC_{50}/mg \cdot L^{-1}$
剧毒品	$LD_{50} \leqslant 5$	$LD_{50} \leqslant 40$	$LC_{50} \leqslant 0.5$
有毒品	$5 < LD_{50} \leqslant 50$	$40 < LD_{50} \leqslant 200$	$0.5 < LC_{50} \leqslant 2$
有害品	$50 < LD_{50} \leqslant 500$	$200 < LD_{50} \leqslant 1000$	$2 < LC_{50} \leqslant 10$

【知识点】

半数致死量：（median lethal dose，LD_{50}）在规定时间内，通过指定感染途径，使一定体重或年龄的某种动物半数死亡所需最小细菌数或毒素量。是描述有毒物质或辐射的毒性的常用指标。

常见化学试剂毒性见表1.4。

表 1.4　常用化学试剂毒性

剧毒物质	高毒物质	中毒物质	低毒物质	致癌物质
氰化物（如氰化钾、氰化钠、氯化氰）、砷及三氧化二砷（别名：砒霜）、铍及其化合物、汞、氯化汞、硝酸汞、氢氟酸、氰化钡、乙腈、丙烯腈、有机磷化物、有机砷化物、有机氟化物等	二氯乙烷、三氯乙烷、三氯甲烷、二氯硅烷、苯胺、芳香胺、铊化合物（氧化铊、硝酸铊等）、黄磷、硫化氢、三氯化锑、溴水、氯气、二氧化锰、氯化氢等	苯、甲苯、二甲苯、四氯化碳、三硝基甲苯、环氧乙烷、环氧氯丙烷、四氯化硅、甲醛、甲醇、二硫化碳、硫酸、硝酸、硫酸镉、氧化镉、一氧化碳、一氧化氮等	三氧化二铝、钼酸铵、亚铁氰化钾、铁氰化钾、间苯二胺、正丁醇、丙烯酸、邻苯二甲酸、二甲基甲酰胺、己内酰胺、硝基苯、苯乙烯、萘等	黄曲霉毒素 B_1、亚硝胺、石棉、3,4-苯并芘、联苯胺及其盐类、4-硝基联苯、1-萘胺、间苯二胺、丙烯腈、氯乙烯、二氯甲醚、苯、甲醛、偶氮化合物、三氯甲烷（氯仿）、硫脲、六价铬（如：重铬酸钾、铬渣）、铅、铍、镉等重金属

第7类　放射性物质：含有放射性核素且其放射性活度浓度和总活度都分别超过 GB 11806 规定的限值的物质。如镭226、钴60、铀23、铯137、碘131。

第8类　腐蚀性物质：通过化学作用使生物组织接触时会造成严重损伤或在渗漏时会严重损害甚至毁坏其他货物或运载工具的物质。

（1）酸性腐蚀品　盐酸、硫酸、硝酸、磷酸、氢氟酸、高氯酸、王水（1体积的浓硝酸和3体积的浓盐酸混合而成）。

（2）碱性腐蚀品　氢氧化钠、氢氧化钾、氨水。

（3）其他腐蚀品　苯、苯酚、氟化铬、次氯酸钠溶液、甲醛溶液等。

第9类　杂项危险物质和物品：具有其他类别未包括的危险的物品。

（1）危害环境物质

（2）高温物质

（3）经过基因修改的微生物或组织

1.3.2 危险化学品使用安全

（1）储存危险化学品的一般原则

① 危险化学品应储存在合适的容器中，贴有规范标签。

② 严格按化学物质的相容性分类存放（参见表1.5）。

③ 易燃、易爆及强氧化剂只能少量存放，且储存于阴凉、避光处。

④ 易燃且易挥发液体需储存在通风良好的试剂柜里，远离火源，严禁存放在普通冰箱中。

⑤ 剧毒药品专柜上锁，专人（两人）保管。

⑥ 定期检查所储存的化学品，及时更换脱落或破损的试剂瓶标签。及时清理变质或过期的化学品，并委托具有处理资质的单位对其进行处理。

化学品配伍禁忌一览见表1.5。

表 1.5　化学品配伍禁忌一览

化学物质	配伍禁忌	混合后可能的危害
氧化剂（卤素、过硫酸铵、过氧化氢、重铬酸铵、高锰酸钾、高氯酸、硝酸铵）	还原剂（氨水、碳、金属、磷、硫黄）、有机物	氧化剂和还原剂,氧化剂与某些有机物发生强烈的化学反应,可能导致火灾或爆炸
氧化剂	可燃物	混触发火
无机酸（高氯酸、硝酸、铬酸）	有机酸（乙酸、蚁酸、苦味酸、丙烯酸）	具有氧化性的无机酸与有机物发生化学反应,增加燃烧率,与氧气接触产生燃烧反应
酸	氰化钾、硫化钠、亚硝酸盐、亚硫酸盐等	与酸反应产生有毒气体
硝酸	胺类	混触发火
硫酸	高氯酸盐、氯酸盐、高锰酸钾	爆炸
高氯酸	金属、易燃物质、乙酸酐、铋、铋合金、有机物	高温时为强氧化剂,与金属、木材以及其他易燃物质发生化学反应,形成易爆炸化合物
黄磷	空气、火、还原剂	燃烧
氰化物	酸	产生有毒氰化氢气体
乙酸	铬酸、硝酸、羟基化合物、胺类、高氯酸、过氧化物、高锰酸盐	
碱金属及碱土金属	水、二氧化碳、四氯化碳及其他氯化烃类、卤素	
铬酸及三氧化铬	乙酸、萘、樟脑、丙三醇（甘油）、酒精、易燃液体	
硝酸铵	酸、金属粉末、硫黄、易燃液体、氯酸盐、亚硝酸盐、可燃物	
过氧化氢	铜、铬、铁等大多数金属及其盐类,任何易燃液体、可燃物、胺类、硝基甲烷	

续表

化学物质	配伍禁忌	混合后可能的危害
过氧化钠	还原剂,如甲醇、冰乙酸、乙酸酐、苯甲醛、二硫化碳、丙三醇(甘油)、乙酸乙酯、呋喃、甲醛等	
有机过氧化物	酸类(有机及无机)	防止摩擦,储于阴凉处
高锰酸钾	甘油、乙二醇、苯甲醛及其他有机物、硫酸	
氯酸钾(钠)	酸、铵类、金属粉末、硫黄、有机物、红磷	生成生成对冲击、摩擦敏感的爆炸物
亚硝酸钠	酸、铵盐、还原剂	
氧化钙(生石灰)	水	
五氧化二磷	水	
氟	所有试剂	
溴	氨、乙炔、丁二烯、丁烷甲烷、丙烷、氢气、碳化钠、苯、金属粉末	
碘	乙炔、氨气及氨水、甲醇	
活性炭	次氯酸钙(漂白粉)、氧化剂	
乙炔	氟、氯、溴、铜、银、汞	生成对冲击、摩擦敏感的铜盐
苦味酸(三硝基苯酚)	铅等金属、金属盐	生成对冲击、摩擦敏感的铅盐;必须储存在潮湿、凉爽的地方
丙酮	浓硫酸和浓硝酸的混合物,氟、氯、溴	
易燃液体	硝酸铵、铬酸、过氧化氢、过氧化钠、硝酸、卤素	
碳水化合物	氟、氯、溴、铬酸、过氧化钠	
甲醛、乙醛	酸类、碱类、胺类、氧化剂	
肼	过氧化氢、硝酸、氧化剂	
砷及砷化物	还原剂	

（2）危险化学品的安全使用

① 使用危险化学品时，一定要做好防护措施，如佩戴防护手套、护目镜和口罩等。

② 加热易燃液体时，要在通风橱中使用水浴、加热套进行加热，避免明火、静电和热表面。

③ 粉尘较多的实验室，除了采取有效的通风和除尘措施外，一定注意防止明火、静电引起粉尘爆炸。

④ 使用有刺激性气味的化学品时，应在通风橱中进行，并做好防护措施，如佩戴防护手套和口罩等。

⑤ 易燃化学品（如有机溶剂、金属钾、钠等）一定不能直接倒入水槽，否则极易引发火灾，有机溶剂还会腐蚀下水管道，造成管道漏水隐患。

【知识点】

1. 粉尘爆炸

粉尘在爆炸极限范围内，遇到热源（明火或温度），火焰瞬间传播于整个混合粉尘空间，化学反应速度极快，同时释放大量的热，形成很高的温度和很大的压力，系统的能量转化为机械功以及光和热的辐射，具有很强的破坏力。

发生粉尘爆炸的三个条件：

① 可燃性粉尘以适当的浓度在空气中悬浮，形成人们常说的粉尘云。具有爆炸性粉尘的有：无机材料（如镁粉、铝粉、铁粉、锌粉、硫黄粉），煤炭，粮食（如小麦、淀粉），饲料（如血粉、鱼粉），农副产品（如棉花、烟草），林产品（如纸粉、木粉），合成材料（如塑料、染料）。

② 有充足的空气和氧化剂。

③ 有火源或者强烈振动与摩擦。

2. 实验废弃物分类回收

实验产生的有毒有害废弃物不能随意丢弃或排放，应按照相关规定进行分类回收处理，以免造成安全事故和环境污染。有毒有害废弃物一般分为固态、液态和气态三种形态，应按不同的方式进行处理。

① 实验废液需用专用容器或旧试剂瓶收集，并根据回收物的相容性和危险级别分开收集存放。注意废液收集容器要具有良好的密封性。

② 每个收集容器上必须贴上"危险废弃物品"字样的标签，并附有包含以下信息的实验废液登记表：

a. 实验废弃物成分、回收日期（第一滴危险废弃物质滴入容器日期）；

b. 产生实验废弃物的地点和人员姓名。

③ 一般实验室按照三类分别收集：一般无机物废液、一般有机物废液、含卤有机物废液。

④ 如有可能与收集容器中已有的化学物质发生反应而产生有毒有害物质，则必须另取收集容器进行单独收集存放。

⑤ 含剧毒化学品的废液或含易与其他化学品发生反应的废液应分别单独收集存放，如氰化物、丙酮、二氯甲烷、汞、六价铬、硼、氢氟酸等。

⑥ 含稀酸、稀碱或无毒盐类实验废液可直接排入下水道，但必须在排前、其间和排后都用大量水对下水道进行冲洗。

⑦ 含浓酸、浓碱的实验废液，必须先酸碱中和，再排入下水道，并在排前、其间和排后都用大量水对下水道进行冲洗。

⑧ 有机溶剂如乙醚、苯、丙酮、三氯甲烷、四氯化碳等千万不能直接倒入水槽（会腐蚀下水管、污染环境），应倒入收集容器中回收。

⑨ 收集容器所收集的废液不能超过器皿最大容量的80%，且应在阴凉处保存，远离火源和热源。

每学期，学校相关部门委托具有处理实验废弃物资质的单位对实验废弃物进行回收处理。

1.4　实验基础知识

1.4.1　纯水的制备

按水的质量实验室用水可分为三级水、二级水、一级水。

（1）三级水　三级水可用蒸馏、去离子（离子交换及电渗析法）或反渗透等方法制取。三级水用于一般的化学分析实验。制备分析实验用水的原水应当是自来水或其他适当纯度的水。三级水是使用最普遍的纯水，一是直接用于某些实验；二是用于制备二级水乃至一级水。过去多采用蒸馏法制备，称为蒸馏水，目前多采用离子交换法（所得的水称为去离子水）、电渗析法。

（2）二级水　二级水可用离子交换法或将三级水再次蒸馏等方法制取，可含有微量的无机、有机或胶态杂质。二线水主要用于无机痕量分析实验，如原子吸收光谱分析、电化学分析实验等。

（3）一级水　一级水可用二级水经过石英设备蒸馏或离子交换混合床处理后，再经 $0.24\mu m$ 微孔滤膜过滤来制取，处理后的水基本上不含有溶解或胶态离子杂质及有机物。一级水主要用于有严格要求的分析实验，包括对微粒有要求的实验，如高效液相色谱分析用水。

各种制备方法介绍如下。

① 蒸馏法　目前使用的蒸馏器的材料有玻璃、铜、石英等。蒸馏法只能除去水中非挥发性的杂质，溶解在水中的气体杂质并不能完全除去。蒸馏法的设备成本低，但消耗能量大。

② 离子交换法　用离子交换法制备的纯水称为去离子水。目前多采用阴、阳离子交换树脂的混合床装置来制备。此方法的优点是制备的水量大，成本低，除去离子的能力强；缺点是设备及操作较复杂，不能除去非电解质（如有机物）杂质，而且尚有微量树脂溶在水中。

③ 电渗析法　电渗析法是在离子交换技术的基础上发展起来的一种方法。它是在外电场的作用下，利用阴、阳离子交换膜对溶液中离子的选择性透过而使溶液中的溶质和溶剂分离，从而达到净化水的目的。此方法除去杂质的效率较低，适用于要求不是很高的分析工作。

1.4.2　化学试剂规格

（1）分析试剂规格　化学试剂中，指示剂纯度往往不太明确，除少数标明"分析纯""试剂四级"外，经常遇到只写明"化学试剂""企业标准"或"生物染色素"等。常用的有机试剂、掩蔽剂等也经常遇到级别不明的情况，上述试剂一般只可作为"化学纯"试剂使用，必要时需进行提纯。例如，三乙醇胺中铁含量较大，而三乙醇胺又常用来掩蔽铁，因此使用该试剂时必须注意。

生物化学中使用的特殊试剂，纯度表示和化学中的一般试剂表示也不同。例如，蛋白质类试剂经常以含量表示，或以某种方法（如电泳法等）测定的杂质含量来表示；酶是以每单位时间能酶解多少物质来表示其纯度，即其纯度是以活力来表示的。此外，还有一些特殊用途的高纯试剂。例如，"色谱纯"试剂是在最高灵敏度下以 10^{-10} g 下无杂质峰来表示的；"光谱纯"试剂是以光谱分析时出现的干扰谱线的数目、强度大小来衡量的，该试剂往往含有各种氧化物，不能用作化学分析的基准试剂，这点须特别注意；"放射化学纯"试剂是以放射性测定时出现干扰的核辐射强度来衡量的；"MOS"级试剂是"金属-氧化物-半导体"试剂的简称，是电子工业专用的化学试剂。

在一般分析工作中，通常要求使用分析纯试剂。分析工作者必须对化学试剂标准有明确的认识，做到科学地存放和合理地使用化学试剂，既不超规格造成浪费，又不随意降低规格而影响分析结果的准确度。

（2）试剂的取用　实验中应根据不同的要求选用不同的试剂。化学试剂在实验室分装时，一般把固体试剂放在广口瓶中，把液体试剂或配制的溶液盛放在细口瓶或带有滴管的滴瓶中，把见光易分解的试剂或溶液（如硝酸银等）盛放在棕色瓶内。每一试剂瓶上都贴有标签，上面写有试剂的名称、规格或浓度（溶液）以及日期。在标签外面涂上一层蜡来保护它。

固体试剂的取用规则：

① 用清洁、干燥的药勺取用。药勺最好专勺专用，否则用过的药勺必须洗净、擦干后才能再使用。

② 试剂取用后应立即盖紧瓶盖。

③ 多取出的药品不要再倒回原瓶，可放在指定的窗口中供他人使用。

④ 一般试剂可放在称量纸上称量。具有腐蚀性、强氧化性或易潮解的试剂。

1.4.3　常用的坩埚和研钵

1.4.3.1　坩埚

瓷坩埚最为常用，能耐 1200℃ 的高温，可用于重量分析中沉淀的灼烧和称量。湿坩埚或放有湿样品的坩埚，灼烧前应先将其慢慢烘干，逐渐升温，急火容易使其爆裂。

（1）铂坩埚　使用铂坩埚时应注意以下几点。

① 铂是一种贵重金属，熔点为 1774℃，耐高温，1200℃ 时质软，使用时应十分小心，防止变形和损伤。在任何情况下，铂器皿不得用手揉捏，也不得用玻璃棒捅刮。

② 铂器皿的加热和灼烧均应在垫有石棉板或陶瓷板的电炉（或电热板）上进行，或在煤气灯的氧化焰上进行，不能与电炉丝、铁板接触，也不能与煤气灯的还原焰（含未燃烧完全的还原性气体）接触，因为铁在高温下能与铂形成合金，还原性气体能与铂形成脆性的碳化铂，从而损坏铂器皿。滤纸可以在铂器皿中灼烧，但必须注意在低温和空气充足的情况下，让碳燃烧完后，才能提高温度。热的铂器皿只许用铂坩埚钳（钳的尖端包有一层铂）夹取。

③ 大多数金属在较高温度时能与铂形成合金，故不能在铂器皿内灼烧或熔融金属。重金属和某些非金属的化合物在高温时易还原为相应的金属和非金属元素，与铂形成合金或化合物而损坏铂器皿。

④ 铂与常用的酸不发生化学反应，只有在高温下才会受到浓磷酸的腐蚀。实验证明，在铂坩埚中分别加入浓盐酸、40% 的氢氟酸、浓硫酸和 85% 的磷酸加热至冒烟时，其损失量分别为 $30 \sim 80 \mu g$、$8 \sim 11 \mu g$、$7 \sim 10 \mu g$、$8 \sim 9 \mu g$。铂易溶于王水（或含有氯化物的硝酸）、氯水和溴水中。含卤素和能析出卤素的物质、盐酸和氧化剂（如 $KClO_3$、NO_3^-、NO_2^-、$KMnO_4$、$K_2Cr_2O_7$、MnO_2 等）的混合物对铂器皿有侵蚀作用。

⑤ 碱金属和钡的氧化物、氢氧化物、氰化物、硝酸盐和亚硝酸盐等，在高温熔融时会侵蚀铂器皿。在铂器皿中，熔融 K_2CO_3、Na_2CO_3 是安全的，但不能用 Li_2CO_3。碱的水溶液在铂器皿中蒸发时，对铂的侵蚀作用很小；但在空气中，用含 KCl 的 HCl 溶液时，对铂有显著的侵蚀作用，这可能是由下列反应引起的。

$$Pt + O_2 + 6Cl^- + 4H^+ \Longrightarrow PtCl_6^{2-} + 2H_2O$$

$$2K^+ + PtCl_6^{2-} \Longrightarrow K_2PtCl_6$$

K_2PtCl_6 的溶解度较小，故促使反应进行。

NaCl-HCl 溶液对铂器皿的侵蚀作用较小，$FeCl_3$-HCl 溶液对铂器皿有显著的侵蚀作用。

在红热的条件下氢可渗入铂内，在坩埚内发生还原反应。因此，最好使用电炉。铂在空气中燃烧时，有少量以微挥发性氧化物 PtO_2 的形式损失，在高于 1200℃ 时长时间加热则更为明显。

⑥ 组分不明的试样不得使用铂器皿加热或熔融。

⑦ 铂器皿应经常保持清洁和光亮。使用过的铂器皿通常用 $6mol \cdot L^{-1}$ HCl 溶液煮沸清洗，如清洗不干净，可用 $K_2S_2O_7$、Na_2CO_3 或硼砂熔融。如仍有污点，则可用纱布包 100 目以上的细沙，加水润湿后，轻轻擦拭，使铂器皿表面恢复正常的光泽。

⑧ 铂坩埚变形时，可在木板上一边滚动一边用牛角匙轻压坩埚内壁，使其恢复原状。

（2）镍坩埚　使用镍坩埚时应注意以下几点。

① 镍的熔点为 1450℃，对碱性物质抗腐蚀能力很强，故常用作熔融样品的容器，如熔融铁合金、矿渣、黏土、耐火材料等。

② 镍坩埚熔样温度一般不超过 700℃，因高温时镍易被氧化，镍坩埚不能用于灼烧沉淀。

③ 新镍坩埚应先在马弗炉中灼烧成蓝紫色或灰黑色，除去表面的油污，并使表面生成氧化膜，然后用 $0.57mol \cdot L^{-1}$ 的 HCl 溶液煮沸片刻，用水冲洗干净。

④ 镍坩埚适用于 NaOH、Na_2O_2、Na_2CO_3、$NaHCO_3$ 以及含有 KNO_3 的碱性熔剂熔融样品，不适用于 $KHSO_4(Na)$、$K_2S_2O_7(Na)$ 等酸性熔剂以及含硫的碱性硫化物熔融样品。

⑤ 熔融状态的 Al、Zn、Pb、Sn、Hg 等金属盐都能使镍坩埚变脆，硼砂也不能在其中灼烧或熔融。

⑥ 镍坩埚中常含微量铬，使用时应注意。

（3）铁坩埚　使用铁坩埚时应注意以下几点。

① 铁的熔点为 1535℃，价廉。

② 铁坩埚使用前，应按下述方法进行钝化处理：先用稀 HCl 溶液洗涤，后用细砂纸将坩埚擦净，用热水洗涤；然后将它置于稀 $H_2SO_4(0.5mol \cdot L^{-1})$ 和稀 $HNO_3(0.2mol \cdot L^{-1})$ 的混合液中浸泡数分钟，用水洗净，烘干后在 $300 \sim 400$℃ 的马弗炉中灼烧 10min。

③ 铁坩埚的使用规则和镍坩埚的基本相同。由于它价廉易得，当铁的存在不影响分析工作时，采用铁坩埚较为合适。

④ 清洗铁坩埚时，一般用冷的稀 HCl 溶液即可。

（4）银坩埚　使用银坩埚时应注意以下几点。

① 银的熔点为 960℃，加热温度不超过 700℃。

② 新的银坩埚和镍坩埚的处理方法相同，在 $300 \sim 400$℃ 马弗炉中灼烧后，用热稀 HCl 溶液洗涤。银能被 HNO_3 和浓 H_2SO_4 溶解，故不能用 HNO_3 和较浓的 H_2SO_4 洗涤。

③ 银坩埚适用于 NaOH 熔剂熔融样品，不适用于 Na_2CO_3 熔剂（生成 Ag_2CO_3 沉淀）熔融样品。

④ 硫和银可生成硫化银沉淀，故测定硫和灼烧含硫物质时，不能使用银坩埚。

⑤ 刚取下的红热坩埚不能用水冷却，以免产生裂纹。

（5）瓷坩埚　使用瓷坩埚时应注意以下几点。

① 瓷坩埚可耐热 1300℃。瓷的组成为 NaKO、Al_2O_3、SiO_2，其物质的量比为 1:8.7:22。瓷坩埚的内外壁均涂上一层釉，一般组成为 SiO_2 73%、Al_2O_3 9%、CaO 11% 和碱（Na_2O 等）6%。瓷坩埚的抗蚀性比玻璃器皿高。

② 一般 NaOH、Na_2O_2、Na_2CO_3 等碱性物质不能在瓷坩埚中烧熔，因为它易被侵蚀，且易使样品带入大量硅。生产中用 Na_2O_2 熔融时，常在 550℃ 下用半熔法分解试样，以减少对坩埚的腐蚀。由于瓷坩埚是硅酸盐，易被碱、氢氟酸和热磷酸溶液腐蚀，故操作时必须注意。

③ 瓷坩埚适用于 $K_2S_2O_7$ 等酸性物质熔融样品。

④ 瓷坩埚一般可用稀 HCl 溶液煮沸清洗。

（6）石英坩埚　使用石英坩埚时应注意以下几点。

① 石英坩埚可在 1700℃ 以下灼烧，但温度太高时，石英会变成不透明状态，因此熔融温度一般以不超过 800℃ 为宜。石英玻璃约含 99.8% SiO_2，主要杂质为 Na、Al、Fe、Mg、Ti 和 Sb。

② 石英坩埚不能和氢氟酸、热磷酸接触；高温时，极易与强碱和碱金属的碳酸盐作用。

③ 石英质脆，易破，使用时要小心。

④ 石英坩埚适用于 $K_2S_2O_7$、$KHSO_4$ 熔融样品和用 $Na_2S_2O_3$（212℃ 焙干）熔剂处理样品。

⑤ 清洗时，除氢氟酸外，普通稀无机酸均可用作清洗液。

（7）刚玉坩埚　使用刚玉坩埚时应注意以下几点。

① 刚玉坩埚由多孔性熔融氧化铝制成，质坚而耐熔，耐高温（熔点为 2045℃），硬度大。

② 刚玉坩埚适用于无水碳酸钠等一些弱碱性熔剂熔融样品，不适用于 Na_2O_2、NaOH 和酸性熔剂（$K_2S_2O_7$ 等）熔融样品。

（8）聚四氟乙烯坩埚　使用聚四氟乙烯坩埚时应注意以下几点。

① 聚四氟乙烯坩埚可耐热近 400℃，但一般控制在 200℃ 左右使用，最高不超过 280℃，否则它将分解产生对人体有害的气体——氟光气、含氟异丁烯。

② 聚四氟乙烯坩埚能耐酸、碱，不受氢氟酸侵蚀，主要用于氢氟酸熔样，如 HF、$HClO_4$ 等。用 $HF-H_2SO_4$ 熔样时，不能出现冒烟现象，否则会损坏坩埚。

③ 熔样时不会带入金属杂质是其最大的优点。

④ 表面光滑耐磨，不易损坏，机械强度较好。

⑤ 它的热导率小，因此，用它蒸发液体时，消耗时间较长。

1.4.3.2　研钵

研钵主要用于粉碎少量固体试样，材质有玻璃、瓷和玛瑙三种。玻璃和瓷制研钵最常用。玛瑙研钵硬度很大，且不易与被研磨物品发生化学反应，可用于破碎高硬度试样及对分析结果有较高要求的试样。研钵在使用时不可用力敲击，不可加热。使用研钵时应根据存在的杂质及其对分析工作的影响加以选用。使用玛瑙研钵时应注意以下几点。

① 玛瑙是石英的变体，含少量 Fe、Al、Ca、Mg、Mn 等杂质，硬度大，因此，玛瑙研钵适用于研磨许多物质。但硬度太大、粒度过粗的物质不宜研磨，以免损坏其表面。

② 玛瑙研钵不能和氢氟酸接触，不能受热，不可放在烘箱中烘烤。

③ 如用清水不能洗净时，可用稀 HCl 溶液洗涤，或用少许 NaCl 研磨，亦可和细沙一

起研磨清除污物。

1.4.4　分析样品的采集制备及分解

分析化学实验的结果能否为质量控制和科学研究提供可靠的分析数据，关键是看所取试样的代表性和分析测定的准确性，这两方面缺一不可。从大量的被测物质中采取能代表整批物质的小样，必须掌握适当的技术，遵守一定的规则，采取合理的采样及制备试样的方法。

1.4.4.1　土壤样品的采集与制备

（1）污染土壤样品的采集

① 样点的布设　由于土壤本身分布不均匀，应多点采样并均匀混合成为具有代表性的土壤样品。

② 采样的深度　如果只需了解土壤污染情况，采样只需在15CITI左右的耕层土壤和耕层以下15～20CITI的地下进行；如果要了解土壤污染深度，则应按土壤剖面层分层取样。

③ 采样量　由于测定所需的土样是多点混合而成的，取样量往往较大，而实际供分析的土样不需要太多，具体需要量视分析项目而定，一般要求1kg。因此，对多点采集的土壤，可反复按四分法缩分，最后留下所需的土样量。

（2）土壤本底值测定的样品采集　样点选择应包括主要类型土壤，并远离污染源，同一类型土壤应有3～5个采样点。另外，同一地点不强调采集多点混合样，而是选取植物发育典型、具代表性的土壤样品。

（3）土壤的制备与保存　从野外取回的土样，经登记编号后，经风干、磨细、过筛、混匀、装瓶，以备各项测定之用。这个过程一般由农技人员或专业人员来完成。

① 新鲜样品的处理和储存　将新鲜样品要及时送到化验室处理，先用粗玻璃棒或塑料棒将样品弄碎混匀，然后迅速称样进行分析测定。新鲜样品一般不宜储存，如需暂时储存，可将新鲜样品装入塑料袋，扎紧袋口，放在冰箱冷藏室或进行速冻处理。

② 风干样品的处理和储存

a. 风干　将采回的土样，放在木盘中或塑料布上，摊成薄薄一层，置于室内通风阴干。

b. 粉碎过筛　风干好的样品，根据化验项目，用四分法缩分至200～500g后，用木棍研细。

c. 保存　样品袋（瓶）上标签须注明样品编号、采样地点、土类名称、采样日期、筛孔等项目。

1.4.4.2　水样的采集与制备

（1）水样的采集　为了取得具有代表性的水样，在水样采集以前，应根据被检测对象的特征拟定水样采集计划，确定采样地点、采样时间、水样数量和采样方法，并根据检测项目决定水样保存方法，力求做到所采集的水样，其组成成分的比例或浓度与被检测对象的所有成分一样，并在测试工作开展以前，各成分不发生显著的改变。

水样比较均匀，在不同深度分别取样即可，但对于黏稠的或含有固体的悬浮液以及非均匀液体，应充分搅匀后取样，以保证所取样品具有代表性。

采集水管中或有泵水井中的水样时，取样前需将水龙头或泵打开，放10～15min的水后再取。采取池、江、河中的水样，应视其宽度和深度采用不同的方法采集，对于宽度大、水深的水域，可用断面布设法，采表层水、中层水和底层水供分析用。但对静止的水域，应采不同深度的水样进行分析。采样方法是将干净的空瓶盖上塞子，塞子上系一根绳子，瓶底系一块铁砣或石头，沉入离水面一定深处，然后拉绳拔塞让水灌满瓶后取出。

（2）水样的预处理　水样的组成复杂并且污染组分的存在形态不同，所以在水样测定以前需要对其进行有针对性的预处理。水样的预处理工作十分复杂，需要根据所采集水样的实际情况选择预处理的方法。过滤是常用的预处理方法之一，水的浑浊度会影响水质分析的结果，对浑浊度较高的水样需要通过过滤方法进行预处理，也可通过离心分离或蒸发等方法来处理。

对于水样中需要测定的组分过低而影响水样分析的情况需要进行富集和分离的处理。常用的富集和分离方法有过滤、挥发、溶剂萃取、离子交换等。

（3）水样的保存方法　水样采集后，应尽快送到实验室分析。样品久放，受一些因素影响，某些组分的浓度可能会发生变化。导致水质变化的主要因素包括：生物因素、化学因素、物理因素。

各种水质的水样从采集到分析测定这段时间，环境条件的变化，微生物新陈代谢活动的影响，会引起水样的某些物理参数及化学组分的变化。为了使这些变化尽量小，须尽快分析测定和采取必要的措施（有些项目还必须在现场测定）。如果不能尽快测定，就要进行水样的保存。水样的保存要求做到：减慢化合物或络合物水解，避免分解，减少挥发与容器的吸附损失。

① 冷藏法　样品在 4℃ 冷藏或将水样迅速冷冻，储存于暗处，可以抑制生物活动，减缓物理挥发作用和化学反应速率。

② 化学法　加生物抑制剂。加入生物抑制剂可以阻止生物作用。常用的试剂有氯化高汞，加入量为每升 20～60mL。如果水样要测汞，就不能使用这种试剂，这时可以加入苯、甲苯或氯仿等，每升水样加 0.5～1mL。

③ 酸（碱）化法　为防止金属元素沉淀或被容器吸附，可加酸至 pH＜2，一般加硝酸，但对部分组分可加硫酸保存。使水样中的金属元素呈溶解状态，一般可保存数周。对汞的保存时间要短一些，一般为 7d。有些样品要求加入碱，例如测定氰化物水样必须加碱至 pH＝11 保存，因为酸性条件下氰化物会产生剧毒物质 HCN，非常危险。

加入化学药品，加入某种化学剂以稳定水样中的一些待测组分。保存剂可事先加入空瓶中也可在采样后加入水样中。为避免保存剂在现场被沾污，最好在实验室将其预先加入容器内，但是，易变质的保存剂不能预先添加。经常使用的保存剂有各种酸、碱及杀菌剂，加入量因需要而异。所以加入的保存剂不应干扰其他组分的测定。一般加入保存剂的体积很小，其影响可以忽略。但某些试剂中所含的金属杂质对微量分析是有影响的，应减去空白值。

水样保存剂的空白测定：酸、碱和其他化学保存剂本身含有微量杂质，或保存剂在现场使用一定时间后，也可能被污染。因此，在分析一批水样时，必须做空白实验，把同批的等量保存剂加入与一个水样同体积的蒸馏水中，充分摇匀制成空白样品，与水样一起送实验室分析。在分析数据处理时应从水样测定值中扣除空白实验值。保存剂应每月更换一次，如发现被污染，须立即更换。

对保存剂的要求：地面水样品的保存剂，如果是酸应该使用高纯度的；其他试剂则使用分析纯的；最好用优级纯的。保存剂如果含杂质太多，达不到要求，则必须提纯。

1.4.4.3　气体样品的采集

（1）直接采样法　直接采样法（direct sampling method）是一种将空气样品直接采集在合适的空气收集器（air collector）内，再带回实验室分析的采样方法。该法主要适用于采集气体和蒸气状态的检测物，适用于空气检测物浓度较高、分析方法灵敏度较高、不适宜使用动力采样的现场，采样后应尽快分析。用直接采样法所得的测定结果代表空气中有害物质的瞬间或短时间内的平均浓度。

根据所用收集器和操作方法的不同，直接采样法又可分为注射器采样法、塑料袋采样法、置换采样法和真空采样法。

（2）浓缩采样法　浓缩采样法（concentrated sampling method）是指大量的空气样品通过空气收集器时，其中的待测物被吸收、吸附或阻留，将低浓度的待测物富集在收集器内的采样方法。空气中待测物浓度较低，或分析方法的灵敏度较低时，不能用直接采样法，需对空气样品进行富集浓缩，以满足分析方法的要求。浓缩采样法所采集空气样品的测定结果代表采样期间待测物的平均浓度。

浓缩采样法分为有动力采样法和无动力（无泵）采样法。

（3）无动力（无泵）采样法　无动力采样法又称为被动式采样法（passive sampling method），该法是利用气体分子的扩散或渗透作用，自动到达吸附剂表面，或与吸收液接触而被采集，一定时间后检测待测物。不需要抽气动力和流量计等装置，适宜于采集空气中气态和蒸气状态的有害物质。

根据采样原理不同，无动力采样法可分为扩散法和渗透法两类。

1.4.5　分析样品的分解

根据分解样品时所用的试剂不同，分解方法可分为湿法和干法。湿法是用酸、碱或盐的溶液来分解试样，干法则用固体盐、碱来熔融或烧结分解试样。

1.4.5.1　酸分解法

由于酸较易提纯，过量的酸（除磷酸外）较易除去，分解时不引入除氢离子以外的阳离子，操作简单，使用浓度低，对容器腐蚀性小，因此酸分解法应用较广。酸分解法的缺点是对某些矿物质的分解能力较差，某些元素可能挥发损失。

（1）盐酸　易溶于盐酸的物质是 Fe、Co、Ni、Cr、Zn、普通钢铁、高铬钢、多数金属氧化物（如 MnO_2、$PbO \cdot PbO_2$、Fe_2O_3 等）、过氧化物、氢氧化物、硫化物、碳酸盐、硼酸盐等。

不溶于盐酸的物质包括灼烧过的 Al、Be、Cr、Fe、Ti、Zr 和 Th 的氧化物，SnO_2，Sb_2O_5、Nb_2O_5、Ta_2O_5，磷酸锆，独居石，磷钇矿，锶、钡和铅的硫酸盐，尖晶石，黄铁矿，汞和某些金属的硫化物，铬铁矿，铌和钽矿石以及各种钍和铀的矿石。

As(Ⅲ)、Sb(Ⅲ)、Ge(Ⅳ)、Se(Ⅳ)、Hg(Ⅱ)、Sn(Ⅳ)、Re(Ⅶ) 容易从盐酸中（特别是加热时）挥发失去。在加热溶液时试样中的其他挥发性酸如 HBr、HI、HNO_3、H_3BO_3 和 SO_3 也会失去。

（2）硝酸　易溶于硝酸的物质包括晶质铀矿（UO_2）、钍石（ThO_2）、铅矿，几乎所有铀的原生矿物及其碳酸盐、磷酸盐、硫酸盐。

硝酸不易用来分解氧化物以及单质 Se、Te、As。很多金属浸入硝酸时形成不溶的氧化物保护层，因而不被溶解，这些金属包括 Al、Be、Cr、Ga、In、Nb、Ta、Th、Ti、Zr 和 Hf。而 Ca、Mg、Fe 能溶于较稀的硝酸。

（3）硫酸　浓硫酸可分解硫化物、砷化物、氟化物、磷酸盐、锑矿物、铀矿物、独居石、萤石等，广泛用于氧化金属 Se、Sn、Pb 和 As 的合金及各种冶金产品。溶解完全后，能方便地借加热至冒烟的方法除去部分剩余的酸。硫酸还经常用于溶解氧化物、氢氧化物、碳酸盐。由于硫酸钙的溶解度较低，所以硫酸不适用于溶解以钙为主要组分的物质。

硫酸的一个重要应用是除去挥发性酸，但 Hg(Ⅱ)、Se(Ⅳ) 和 Re(Ⅶ) 在某种程度上会失去，磷酸、硼酸也会失去。

（4）磷酸　磷酸可用来分解许多硅酸盐矿物、多数硫化物矿物、天然的稀土元素磷酸盐、四价铀和六价铀的混合氧化物。磷酸最重要的分析应用是测定铬铁矿、铁氧体和各种不溶于氢氟酸的硅酸盐中的二价铁。磷酸通常仅用于一些单项测定，而不用于系统分析。磷酸与许多金属甚至在较强的酸性溶液中亦能形成难溶的盐，给分析带来不便。

（5）高氯酸　热的浓高氯酸几乎与所有的金属（除金和一些铂系金属外）起反应，并将金属氧化为最高价态，只有铅和锰呈较低氧化态，即 Pb(Ⅱ) 和 Mn(Ⅱ)。但在此条件下，Cr 不被完全氧化为 Cr(Ⅵ)。若在溶液中加入氯化物可保证所有的铱都呈四价。高氯酸还可溶解硫化物矿、铬铁矿、磷灰石、三氧化二铬以及钢中夹杂的碳化物。

（6）氢氟酸　氢氟酸用于分解用途广泛的硅酸盐，同时也适用于许多其他物质，如 Nb、Ta、Ti 和 Zr 的氧化物，Nb 和 Ta 的矿石及含硅量低的矿石。另外，含钨铌钢、硅钢、稀土、铀等矿物也均可用氢氟酸分解。

许多矿物，包括石英、绿柱石、锆石、铬铁矿、黄玉锡石、刚玉、黄铁矿、蓝晶石、十字石、黄铜矿、磁黄铁矿、红柱石、尖晶石、石墨、金红石、硅线石和某些电气石，不易用氢氟酸分解完全。

（7）混合酸　混合酸常能起到取长补短的作用，有时还会具有新的、更强的溶解能力。王水可分解镉、汞、钙等多种硫化物矿，亦可分解铀的天然氧化物、沥青铀矿、某些硅酸盐、钒矿物、彩钼铅矿、钼钙矿、大多数天然硫酸盐类矿物。

磷酸-硝酸：可分解铜和锌的硫化物及氧化矿物。

磷酸-硫酸：可分解许多氧化矿物，如铁矿石和一些对其他无机酸稳定的硅酸盐。

高氯酸-硫酸：适于分解铬尖晶石等很稳定的矿物。

高氯酸-盐酸-硫酸：可分解铁矿、镍矿、锰矿石。

氢氟酸-硝酸：可分解硅酸盐及含钨、铌、钛等试样。

1.4.5.2　熔融分解法

用酸和其他溶剂不能分解完全的试样，可用熔融的方法分解。此法是将熔剂和试样混合后，于高温下使试样转变为易溶于水或酸的化合物。

（1）熔剂分类

① 碱性熔剂　如碱金属碳酸盐及其混合物、硼酸盐、氢氧化物等。

② 酸性熔剂　如酸式硫酸盐、焦硫酸盐、氟氢化物、硼酐等。

③ 氧化性熔剂　如过氧化钠、碱金属碳酸盐及氧化剂混合物等。

④ 还原性熔剂　如氧化铅和含碳物质的混合物、碱金属和硫的混合物、碱金属硫化物和硫的混合物等。

（2）选择熔剂的基本原则　一般来说，酸性试样采用碱性熔剂，碱性试样采用酸性熔剂，氧化性试样采用还原性熔剂，还原性试样采用氧化性熔剂，但也有例外。

（3）常用熔剂

① 碳酸盐　通常用 Na_2CO_3 或 K_2CO_3 作熔剂来分解矿石试样，如分解钠长石、重晶石、铌钽矿、铁矿、锰矿等。熔融温度一般为 $900\sim1000℃$，时间为 $10\sim30min$。熔剂和试样的

比例因不同的试样而有较大区别。

碳酸盐熔融法的缺点是一些元素会挥发失去，如汞、铊、硒、砷、碘、氟、氯、溴。

② 过氧化钠　过氧化钠用来熔解极难熔的金属和合金、铬矿及其他难以分解的矿物，如钛铁矿、铌钽矿、绿柱石、锆石和电气石等。

③ 氢氧化物　氢氧化钾（钠）的熔点较低（328℃），适用于熔融硅酸盐（如高岭土、耐火土、灰分、矿渣、玻璃等），特别是铝硅酸盐。此外，氢氧化物还可用来分解铅钒、硼矿物、磷酸盐及氟化物。

用氢氧化物熔融试样时镍坩埚和银坩埚优于其他坩埚。熔剂与试样的比例为（8～10）：1。此法的优点是速度快，而且固化的熔融物容易溶解，F、Cl、Br、As、B 等不会损失。缺点是熔剂易吸潮，熔化时易发生喷溅现象。

④ 焦硫酸盐　焦硫酸钾（钠）适用于熔融 BeO、FeO、Cr_2O_3、Mo_2O_3、Tb_2O_3、TiO_2、ZrO_2、Nb_2O_5、Ta_2O_5 和稀土氧化物及非硅酸盐矿物（如钛铁矿、磁铁矿、铬铁矿、铌铁矿、钽铁矿等）。铂和熔凝石英是进行这类熔融常用的坩埚材料，前者略被腐蚀，后者较好。熔剂与试样比例为 15：1。焦硫酸盐不适于熔融许多硅酸盐。此外，锡石、锆石和磷酸锆也难以分解。焦硫酸盐熔融的应用范围由于许多元素的挥发损失而受到限制。

1.4.5.3　溶解和分解过程中的误差来源

(1) 以飞沫形式和挥发引起的损失　当溶解伴有气体释出或溶解是在沸点下进行时，总有少量溶液损失，即气泡在破裂时以飞沫的形式带出，盖上表面皿可大大减少损失。熔融分解或溶液蒸发时盐类沿坩埚壁蠕升是误差的另一来源，尽可能均匀地在油浴或沙浴上加热坩埚。

在无机物质溶解时，除了卤化氢、二氧化硫等容易挥发的酸和酸酐外，许多形成的挥发性化合物或氢化物也可能失去（如 HgO、PH_3）。为防止挥发引起的损失，在带球形冷凝管的烧瓶中进行反应即可。

(2) 吸附引起的损失　在绝大多数情况下，溶质损失的相对量随浓度的减小而增加。在所有吸附过程中，吸附表面的性质起着决定性的作用。不同的容器，其吸附作用显著不同，且因不同物质而异。

彻底清洗容器能显著减弱吸附作用。许多情况下，将溶液酸化足以防止无机阳离子吸附在玻璃和石英上。一般来说，阴离子吸附的程度较小，因此，对那些强烈被吸附的离子可通过加入配体使其生成配阴离子而减小吸附。

(3) 泡沫的消除　在蒸发液体或用湿法氧化分解试样，特别是生物试样时，有时会遇到起沫的问题。使试样在浓硝酸中静置过夜，或在 300～400℃ 下将有机物预先灰化对消除泡沫十分有效。防止起沫的更常用的方法是加入化学添加剂，如脂肪醇，有时也可用硅酮油。

1.5　几点说明

1. 本书采用法定计量单位。根据中华人民共和国国家标准 GB 3102.8—1993 的规定，现将本书中用到的几种浓度表示方法叙述如下：

① 物质 B 的体积分数，用符号 φ_B 表示，$\varphi_B = \dfrac{x_B V_{m,B}}{\sum_A x_A V_{m,A}}$。式中，$V_{m,B}$、$V_{m,A}$ 分别是

纯物质 B、A 在相同温度和压力下的摩尔体积；x_B、x_A 分别是物质 B 和 A 的摩尔分数。

对于溶质 B 为液体的溶液来说，φ_B 表示溶质 B 在溶液中的体积分数，人们常习惯用 "%" 表示。如 $\varphi(HCl) = 10\%$，表示 100mL 盐酸溶液中，含浓 HCl 10mL。

② 物质 B 的物质的量浓度，通常称物质 B 的浓度，用符号 c_B 表示，单位为 $mol \cdot L^{-1}$。如 $c(H_2SO_4) = 2mol \cdot L^{-1}$，表示 1L 溶液中含有基本单元 H_2SO_4 的物质的量为 2mol。

③ 物质 B 的质量浓度，用 ρ_B 表示，即物质 B 的质量除以混合物的体积。例如 $\rho(Mn^{2+}) = 10\mu g \cdot mL^{-1}$，表示 1mL 该溶液中含 Mn^{2+} $10\mu g$。对于溶质为固体的溶液、元素标准溶液或基准溶液，用 ρ_B 表示浓度比较简便。

根据孙丕均等编的《实验室法定计量单位实用手册》，用 ρ_B 表示元素标准溶液的浓度时，只写整数，或只保留小数点后的非零数字，而不考虑有效数字的有关规定。

④ 物质 B 的质量分数，用 w_B 表示，即物质 B 的质量与混合物的质量之比。

⑤ 以 $V_1 + V_2$ 形式表示浓度。如 HCl (1+2) 即为 1 体积的浓 HCl 和 2 体积的 H_2O 相混合。两种以上溶液与 H_2O 按体积 V_1、V_2、V_3、…相混时，可以表示为 $V_1 + V_2 + V_3 + \cdots$ 的形式。

⑥ 滴定度（T）。尽管量和单位的国家标准中没有列入这个量，但在滴定分析中仍常用这种表示方式。滴定度可以定义为：每单位体积的标准滴定液相当于被测组分的质量。常用的单位为 $mg \cdot mL^{-1}$、$\mu g \cdot mL^{-1}$ 等。如 $T(Fe_2O_3/K_2Cr_2O_7) = 2mg \cdot mL^{-1}$，即 1mL $K_2Cr_2O_7$ 标准滴定液相当于 2mg 的 Fe_2O_3。

2. 为防止重复，实验中所指的水均指蒸馏水或去离子水。实验中所指的试剂是具有一定纯度的分析试剂。实验中未注明浓度的盐酸、硫酸、氢氟酸等试剂系指浓盐酸、浓硫酸、浓氢氟酸等。

第2章 地质样品的分解及分离富集

实验1 不同分解方法分解-重铬酸钾滴定法
测定铁矿石中的全铁

一、实验目的

1. 了解铁矿石样品的不同分解方法；
2. 掌握铁矿石不同分解方法的实验操作。

二、实验原理

采用盐酸分解法、氢氟酸-硫酸分解法、磷酸分解法和过氧化钠熔融分解法四种不同方法分解铁矿石样品。分解矿样后，将试样制备成盐酸介质溶液，以中性红为指示剂，以氯化亚锡-三氯化钛为联合还原剂，过量的三氯化钛用重铬酸钾溶液氧化，以二苯胺磺酸钠为指示剂，用重铬酸钾标准溶液滴定法测定铁的含量。

三、主要试剂与溶液

1. 盐酸溶液 $[c(HCl)=6mol \cdot L^{-1}]$。
2. 硫酸-磷酸混合酸 $[H_2SO_4+H_3PO_4(1+2)]$：将100mL硫酸缓慢倒入700mL水中，冷却后，加入200mL磷酸。
3. 三氯化钛溶液：三氯化钛溶液与盐酸等体积混合。
4. 重铬酸钾标准溶液：准确称取在150℃烘干2h的基准重铬酸钾3.5119g，加水溶解后，移入1000mL容量瓶中，用水稀释至刻度，摇匀。此溶液滴定度 $T(Fe/K_2Cr_2O_7)=4mg \cdot mL^{-1}$。必要时以铁标准溶液标定。
5. 中性红试剂 $[\rho(中性红)=1g \cdot L^{-1}]$。
6. 二苯胺磺酸钠（DPAS）指示剂 $[\rho(DPAS)=5g \cdot L^{-1}]$：取0.5g DPAS溶于100mL水中，加数滴（1+1）硫酸溶液，澄清备用。
7. 氯化亚锡 $[\rho(SnCl_2)=100g \cdot L^{-1}]$：取10g氯化亚锡溶于30mL盐酸中，用水稀释至100mL。

四、实验步骤

1. 盐酸分解法

称取矿样0.2000g于250mL锥形瓶中，用数滴水润湿，并摇动使试样不粘瓶底，加15mL 6mol·L⁻¹HCl，盖上表面皿，置于低温电热板上加热至近沸，分解矿样30min，取下。用少许水冲洗表面皿及杯壁，趁热滴加氯化亚锡溶液还原三价铁至淡黄色，冷却至室温。加 2~3 滴中性红指示剂（空白溶液只加 1 滴），再用三氯化钛溶液还原，由蓝绿色变为无色并过量 1~2 滴；滴加重铬酸钾标准溶液氧化过量的三氯化钛，使呈现稳定的蓝绿色。加水稀释至 120mL 左右，加 2 滴二苯胺磺酸钠指示剂，用重铬酸钾标准溶液滴定至溶液呈稳定的紫红色，即为终点。记录重铬酸钾标准溶液消耗的体积。

2. 氢氟酸-硫酸分解法

称取 0.2000g 矿样于铂坩埚或聚四氟乙烯坩埚中，加数滴水润湿矿样，加入 3mL（1+1）硫酸，加入 5mL 氢氟酸，加热分解，经常摇动坩埚。待试样分解完全后，继续加热至冒浓白烟，取下，冷却。加少量水，温热使可溶性盐类溶解。将坩埚内盛物转入 250mL 烧杯中，洗净坩埚。加 10mL 盐酸，加热至近沸，趁热逐滴加入氯化亚锡溶液，随后操作同 1。

3. 磷酸分解法

称取 0.2000g 矿样于 250mL 锥形瓶中，加少许水润湿，加 8mL 磷酸［或硫酸＋磷酸（1+2）的混合酸 10mL］，高温加热分解。试样分解后，取下，稍冷，加 10mL 盐酸，加热至近沸，趁热逐滴加入氯化亚锡溶液，随后操作同 1。

4. 过氧化钠熔融分解法

称取 0.2000g 矿样于刚玉坩埚中，加入 3g 过氧化钠，搅匀，再覆盖 1g 过氧化钠。将坩埚放入已升温至 650~700℃ 的马弗炉中，在此温度下保持数分钟至试样熔融。取出，冷却。将坩埚放入 250mL 烧杯中，盖上表面皿，加 20mL 水和 15mL 盐酸，待熔块溶解后，用水洗净坩埚和表面皿，加热至近沸，取下，趁热逐滴加入氯化亚锡溶液，随后操作同 1。

五、数据处理

$$w(\text{Fe}) = \frac{TV}{m} \times 10^{-6} \tag{2.1}$$

式中，T 为重铬酸钾溶液对铁的滴定度，$mg \cdot mL^{-1}$；V 为滴定时重铬酸钾标准溶液消耗的体积，mL；m 为试样质量，g。

六、思考题

1. 比较各种矿样分解方法的特点。
2. 为什么要同时使用氯化亚锡和三氯化钛两种还原剂？

实验 2　四氯化碳萃取锗时酸度对萃取率的影响

一、实验目的

1. 学习溶剂萃取法的操作方法；
2. 了解酸度对锗萃取率的影响。

二、实验原理

在盐酸介质中，四氯化锗能被四氯化碳萃取，萃取率随溶液中盐酸浓度的改变而变化。取几份锗含量相同而盐酸浓度不同的溶液，分别用四氯化碳进行萃取，用苯芴酮分光光度法测定萃取后锗的含量，计算不同酸度时的萃取率，从而找出萃取锗的最佳酸度范围。

三、仪器与试剂

1. 仪器：紫外-可见分光光度计（T6 新世纪型，北京普析通用公司）。

2. 主要试剂与溶液

（1）阿拉伯树胶（AG）溶液 $[\rho(AG)=10g \cdot L^{-1}]$：1g 阿拉伯树胶（或动物胶）溶于 70～80℃的热水中，用水稀释至 100mL。

（2）苯芴酮（PF）溶液 $[\rho(PF)=0.5g \cdot L^{-1}]$：称取 0.25g 苯芴酮置于 600mL 烧杯中，加入 300mL 无水乙醇及 25mL（1+6）硫酸溶液，搅拌，用乙醇稀释至 500mL，摇匀。储存于棕色瓶中。如有不溶物，则过滤。

（3）锗标准储备溶液 $[\rho(Ge)=1mg \cdot mL^{-1}]$：称取经 600℃ 灼烧过的二氧化锗 0.1441g，置于铂坩埚中，加 2g 碳酸钠，在 850～900℃ 高温中熔融 10min。取出冷却，用少量水浸取，移入 100mL 容量瓶中，用（1+1）盐酸中和，用（1+4）盐酸溶液稀释至刻度。

移取上述锗标准溶液，逐次用（1+4）盐酸稀释至 $\rho(Ge)=10\mu g \cdot mL^{-1}$ 的锗标准工作溶液。

（4）不同酸度的锗标准溶液 $[\rho(Ge)=4\mu g \cdot mL^{-1}]$：分取 $\rho(Ge)=1mg \cdot mL^{-1}$ 的锗标准溶液 4.00mL，分别用 $6mol \cdot L^{-1}$、$7mol \cdot L^{-1}$、$8mol \cdot L^{-1}$、$9mol \cdot L^{-1}$、$10mol \cdot L^{-1}$ 的盐酸溶液稀释至 1000mL，配制成不同酸度介质的锗标准溶液。

（5）四氯化碳（分析纯）。

四、实验步骤

1. 工作曲线的制作

分别移取 0.00、1.00mL、2.00mL、3.00mL、4.00mL $\rho(Ge)=10\mu g \cdot mL^{-1}$ 的锗标准溶液加入 50mL 容量瓶中，各加入 5mL 盐酸，用水稀释至 40mL，摇匀。加入 2mL $10g \cdot L^{-1}$ 的阿拉伯树胶，加 5.0mL $0.5g \cdot L^{-1}$ 的苯芴酮溶液，用水稀释至刻度，摇匀，放置 30min。以试剂空白作参比，于 530nm 波长处测量吸光度。

2. 萃取操作

取 125mL 分液漏斗 5 个，分别准确移入 10.00mL $6mol \cdot L^{-1}$、$7mol \cdot L^{-1}$、$8mol \cdot L^{-1}$、$9mol \cdot L^{-1}$、$10mol \cdot L^{-1}$ 盐酸介质的 $\rho(Ge)=4\mu g \cdot mL^{-1}$ 锗标准溶液，各加入 20mL 四氯化碳，萃取 2min。静置分层，将有机相分别放入另外 5 个 125mL 的分液漏斗中，用 20mL 四氯化碳再萃取一次水相中剩余的锗。静置分层，将两次萃取的有机相合并，弃去水相。有机相用水反萃取两次，每次用水 10mL，反萃取 5min。合并反萃取后的水相于 50mL 容量瓶中。加入 5mL 盐酸，用水稀释至 40mL，摇匀。随后操作同 1。

五、数据处理

1. 以锗的质量作横坐标，吸光度作纵坐标绘制工作曲线。

2. 从工作曲线上分别查得不同酸度下萃取的锗的质量，按下式计算萃取率 E。

$$E = \frac{m}{m_0} \times 100\% \qquad (2.2)$$

式中，m 为萃取后测得锗的质量，μg；m_0 为萃取前加入锗的质量，μg。

3. 以介质中盐酸的浓度为横坐标，各盐酸浓度下的萃取率为纵坐标，绘制萃取酸度曲线，从曲线上找出萃取锗的最佳酸度范围。

六、思考题

为什么用四氯化碳萃取和水反萃取时都要萃取两次？

实验 3　离子交换树脂交换容量的测定

一、实验目的

1. 了解离子交换树脂交换容量的基本概念；
2. 掌握酸碱滴定法测定离子交换树脂交换容量的方法。

二、实验原理

氢型阳离子交换树脂上的 H^+ 与氢氧化钠标准溶液的钠离子定量地进行交换，交换下来的氢离子和溶液中的氢氧根结合生成水，使溶液碱性减弱。以盐酸标准溶液滴定交换后的氢氧化钠溶液，可求出树脂上交换的氢离子的量，从而计算出树脂的交换容量。

三、主要试剂与溶液

1. 氢型阳离子交换树脂：将市售的 732 型阳离子交换树脂，用自来水反复漂洗，直至水清澈无泡沫。然后用去离子水浸泡 4h，用 2mol·L^{-1} 盐酸浸泡 1d。再用去离子水洗涤至中性，滤干水分，将树脂在 40～60℃ 烘干备用。

2. 盐酸标准溶液 [$c(HCl)$ 为 0.1mol·L^{-1} 左右]。

3. 氢氧化钠标准溶液 [$c(NaOH)$ 为 0.1mol·L^{-1} 左右]：用基准的苯二甲酸氢钾标定氢氧化钠的浓度。

标定方法如下：准确称取已在 120℃ 烘干 1～2h 的基准苯二甲酸氢钾 0.2～0.5g，置于 250mL 锥形瓶中，加入 100mL 热水使其溶解。加入酚酞指示剂 2～3 滴，用 0.1mol·L^{-1} 氢氧化钠标准溶液滴定至溶液呈粉红色。按下式计算氢氧化钠溶液浓度：

$$c(NaOH) = \frac{m \times 1000}{204.2V} \tag{2.3}$$

式中，$c(NaOH)$ 为氢氧化钠标准溶液的浓度，mol·L^{-1}；m 为称取的苯二甲酸氢钾的质量，g；V 为滴定时消耗的氢氧化钠标准溶液的体积，mL。

盐酸溶液可用氢氧化钠标准溶液标定。

4. 酚酞指示剂 (P)：$\rho(P) = 1g·L^{-1}$ 的乙醇溶液。

四、实验步骤

准确称取干燥的氢型强酸性阳离子交换树脂 1.000g，置于 250mL 干燥的锥形瓶中。准确加入 100.0mL 氢氧化钠标准溶液，将锥形瓶盖紧，轻轻摇动，放置过夜。然后分取上层清液 25.00mL，加酚酞指示剂 2 滴，用盐酸标准溶液滴定至红色褪去，即为终点。记下盐酸消耗的体积。

五、数据处理

根据下式计算离子交换树脂的交换容量。

$$交换容量 = \frac{(c_1 V_1 - c_2 V_2) \times 4}{m} \tag{2.4}$$

式中，c_1 为氢氧化钠标准溶液浓度，$mol \cdot L^{-1}$；V_1 为氢氧化钠溶液分取的体积，mL；c_2 为盐酸标准溶液浓度，$mol \cdot L^{-1}$；V_2 为滴定时盐酸标准溶液消耗的体积，mL；m 为称取的树脂的质量，g。

六、思考题

氢氧化钠标准溶液能否通过称取的氢氧化钠质量计算得出？为什么？

实验 4　离子交换树脂柱始漏量和总交换量的测定

一、实验目的

1. 了解离子交换柱的自由体积、离子交换树脂始漏量和总交换量的概念；
2. 掌握离子交换树脂始漏量和总交换量的测定方法。

二、实验原理

用氢型强酸性阳离子交换树脂装柱，将浓度为 c_0 的镁盐溶液从该交换柱上部流入，控制一定的流速，使镁盐溶液流经交换柱。在溶液流动过程中，溶液中 Mg^{2+} 逐步与树脂上的 H^+ 发生交换反应。首先，上层树脂被交换，下层树脂未被交换，中间层树脂部分被交换，称为"交界层"。此时，流出液中不含 Mg^{2+}。随着镁盐溶液的不断流入，被交换的树脂层越来越厚，交界层逐渐向柱下方移动。待交界层移到交换柱底部时，流出液中开始出现 Mg^{2+}。此时称交换过程达到了"始漏点"，此时树脂交换柱上被交换的离子（H^+）的物质的量称为始漏量。

继续加入镁盐溶液，流出液中 Mg^{2+} 的浓度 c 逐渐增大。不时用 EDTA 标准溶液滴定流出液中的 Mg^{2+}，以流出液体积为横坐标，以 c/c_0 为纵坐标，绘制的曲线称为交换曲线。

继续加入镁盐溶液，直至树脂完全被交换为止。然后用 $c(HCl) = 1 mol \cdot L^{-1}$ 的盐酸溶液洗脱交换柱中被树脂交换的 Mg^{2+}，并收集洗脱液，用 EDTA 滴定法测定洗脱液中 Mg^{2+} 的量，即为树脂交换柱的总交换量。

三、主要试剂与溶液

1. 强酸型阳离子交换树脂：氢型，40 筛目，40℃烘干。
2. 硫酸镁溶液 $[c(Mg^{2+}) = 0.060 mol \cdot L^{-1}]$：称取 14.8g 硫酸镁（$MgSO_4 \cdot 7H_2O$）溶于 1000mL 水中。
3. EDTA 溶液 $[c(EDTA) = 0.060 mol \cdot L^{-1}]$：取 22.3g EDTA 二钠盐溶于 1000mL 水中。
4. 氯化铵-氨水缓冲溶液（pH=10）：将 33.8g 氯化铵溶于 100mL 水中，加入 280mL

氨水，用水稀释至 500mL。

5. 对硝基苯偶氮间苯二酚（即镁试剂，简称 PNBA）溶液 $[\rho(\text{PNBA})=0.01\text{g} \cdot \text{L}^{-1}]$：取 0.001g 镁试剂溶于 100mL 2mol·L^{-1} 的 NaOH 溶液中。

6. 铬黑 T（EBT）溶液 $[\rho(\text{EBT})=5\text{g} \cdot \text{L}^{-1}]$：取 0.5g 铬黑 T 溶于 100mL 水中。

7. 硝酸银溶液 $[c(\text{AgNO}_3)=0.1\text{mol} \cdot \text{L}^{-1}]$：称取 1.6987g 硝酸银溶于 100mL 水中。

四、实验步骤

1. 柱的自由体积的测定

取内径为 10mm、长 200mm 交换柱，下端填入玻璃毛或棉花。称取干燥的阳离子交换树脂 5.0g 置于 50mL 烧杯中，加入 20mL 水浸泡，将树脂和水一起加入交换柱中，使树脂层均匀自由沉降。装好的树脂层必须是均匀的，而且不能有气泡存在。在整个操作过程中柱内液面始终要高于树脂床的顶部。

使交换柱内的液面下降，尽量接近树脂床顶部（但不能低于树脂床顶部），加入 0.5mL 1mol·L^{-1} 的盐酸于树脂床顶部，然后用水淋洗，淋洗时流速控制在 4～5mL·min^{-1}。用量筒（内盛 6 滴 0.1mol·L^{-1} AgNO$_3$溶液）收集流出液，当量筒中有氯化银白色沉淀产生时，立即记下此刻流出液的体积 V_0。此体积即为柱的自由体积。

2. 始漏量的测定

用 100mL 量筒承接流出液，将 0.060mol·L^{-1} 的镁盐以 3～5mL·min^{-1} 流速通过交换柱，用镁试剂检验流出液中有无镁离子。如发现镁离子流出，立即记录此刻流出液的体积 V_1。然后，每收集 25mL 流出液，则用 EDTA 滴定法测定镁的浓度 c，直到流出液中镁离子的浓度与加入的镁盐浓度 c_0 相等为止。以流出液体积为横坐标，c/c_0 为纵坐标，绘制交换曲线。

3. 交换柱总交换量的测定

将以上被镁离子交换过的交换树脂床用水淋洗至无游离的镁离子。然后用 1mol·L^{-1} HCl 淋洗树脂，使树脂上被交换的镁离子返回到溶液中。收集淋洗液于 250mL 容量瓶中，待到淋洗液中不再有镁离子时停止淋洗。用水稀释淋洗液至容量瓶刻度。吸取 25.00mL 溶液，测定其中镁离子的浓度。

4. EDTA 滴定法测定步骤

将各份待测液置于 250mL 锥形瓶中，加 5mL 氯化铵-氨水缓冲溶液，加 2～3 滴铬黑 T 指示剂，用 EDTA 滴定液滴定至溶液变为蓝色，即为终点。

五、数据处理

按以下各公式计算离子交换树脂的始漏量和总交换容量。

$$\text{始漏点体积} = V_1 - V_0 \tag{2.5}$$

镁离子浓度：
$$c(\text{Mg}^{2+}) = \frac{cV_2}{V} \tag{2.6}$$

总交换量：
$$n(\text{H}^+) = \frac{2cV_4V_5}{V_3} \text{（mmol）} \tag{2.7}$$

式中，V_1 为开始检出镁离子时流出液体积，mL；V_0 为柱自由体积，mL；c 为 EDTA 的浓度，mol·L^{-1}；V_2 为滴定流出液时消耗的 EDTA 溶液的体积，mL；V 为流出液的体积，mL；V_3 为分取的淋洗液体积，mL；V_4 为测定总交换量时，滴定淋洗液时所消耗的 EDTA 溶液的体积，mL；V_5 为淋洗液的总体积，mL。

六、思考题

1. 装好的树脂层为什么不能有气泡？
2. 为什么在整个操作过程中柱内液面始终要高于树脂床的顶部？

实验 5　离子交换色谱法分离铁、钴、镍

一、实验目的

1. 了解离子交换色谱法的原理；
2. 掌握离子色谱法分离的操作技术。

二、实验原理

在 $c(HCl)=9\,mol\cdot L^{-1}$ 的介质中，钴（Ⅱ）和铁（Ⅲ）能形成 $CoCl_4^{2-}$ 和 $FeCl_6^{3-}$，而镍（Ⅱ）以阳离子 Ni^{2+} 形式存在。用阴离子交换树脂柱可将钴、铁与镍分离。

用 $c(HCl)=3\,mol\cdot L^{-1}$ 的盐酸溶液淋洗时，$CoCl_4^{2-}$ 转变成 Co^{2+}，因而从阴离子交换树脂上淋洗下来；再用 $0.5\,mol\cdot L^{-1}$ 的盐酸淋洗，可使 $FeCl_6^{3-}$ 转变成 Fe^{3+}，因而被淋洗下来。

三、仪器与试剂

1. 717 型阴离子交换树脂。将市售 717 型阴离子交换树脂晾干、研磨，筛选出 100～150 目的树脂，用 $3\,mol\cdot L^{-1}$ 盐酸浸泡一昼夜，倾去盐酸，用去离子水洗至中性，浸于水中备用。

2. 盐酸溶液：$c(HCl)$ 分别为 $9\,mol\cdot L^{-1}$、$3\,mol\cdot L^{-1}$、$0.5\,mol\cdot L^{-1}$。

3. 锌标准溶液 [$\rho(Zn)=1\,mg\cdot mL^{-1}$]：用（1+1）盐酸洗涤锌片表面，用水洗净，再用丙酮冲洗，于 110℃ 干燥。称取按上述方法处理的高纯锌片 $0.5000g$ 溶于 5mL（1+1）盐酸中。冷却后，转移至 500mL 容量瓶中，用水稀释至刻度。

4. EDTA 标准溶液 [$c(EDTA)=0.02\,mol\cdot L^{-1}$]：取 EDTA 二钠盐 7.4g 溶于 300～400mL 温水中，冷却，稀释至 1000mL 时，摇匀。

标定方法：吸取锌标准溶液 25.00mL，置于 250mL 锥形瓶中。加入 10mL pH=10 的氯化铵-氨水缓冲溶液，加水 20mL，加铬黑 T 指示剂少许，用 EDTA 滴定。

5. 二甲酚橙（XO）溶液：$\rho(XO)=5\,g\cdot L^{-1}$。

6. 铬黑 T 指示剂：0.010g 铬黑 T 和 1g 氯化钠，研磨均匀保存于干燥器中备用。

7. 磺基水杨酸（SSA）溶液：$\rho(SSA)=50\,g\cdot L^{-1}$。

8. 六亚甲基四胺（HMA）：$\rho(HMA)=200\,g\cdot L^{-1}$。

9. 氯乙酸（$CH_2ClCOOH$）溶液：$c(CH_2ClCOOH)=2\,mol\cdot L^{-1}$。

10. 铁、钴、镍离子混合试液，用氯化铁（Ⅲ）、氯化钴（Ⅱ）和氯化镍配制，介质中

盐酸的浓度为 $c(HCl) = 9mol \cdot L^{-1}$。$\rho(Co^{2+})$、$\rho(Ni^{2+})$、$\rho(Fe^{3+})$ 均为 $1mg \cdot mL^{-1}$。

11. 丁二酮肟（DMG）乙醇溶液：$\rho(DMG) = 10g \cdot L^{-1}$。

12. 硫氰酸钾（固体）。

13. 丙酮。

14. 亚铁氰化钾溶液 $\{c[K_4Fe(CN)_6] = 0.3mol \cdot L^{-1}\}$：取 110g 亚铁氰化钾溶于 1000mL 水中。

四、实验步骤

用处理过的 717 型阴离子交换树脂装柱，树脂床约高 11cm，调节柱下的螺旋止水夹，使流速控制为 $0.5mL \cdot min^{-1}$。待液面下降临近树脂床顶部时，分次加入 $9mol \cdot L^{-1}$ 盐酸，加入量共 20mL。待 $9mol \cdot L^{-1}$ 盐酸流过树脂柱后，吸取 5.0mL 铁、钴、镍混合试液加在树脂床顶部，用 250mL 锥形瓶收集流出液。

取 20mL $9mol \cdot L^{-1}$ 盐酸，分次缓缓加入交换柱中，每次 5mL。待淋洗近结束时，取 1 滴流出液于点滴板上，加 1 滴氨水和 1 滴丁二酮肟溶液，检验镍离子是否洗脱完全。流出液待测镍用。

另取 250mL 锥形瓶收集流出液，取 20mL $3mol \cdot L^{-1}$ 盐酸，分次缓缓加入交换柱中，每次 5mL。待淋洗近结束时，取 1 滴流出液于点滴板上，加少许硫氰酸钾固体，加 2 滴丙酮，检验钴离子是否洗脱完全。收集的流出液待测钴用。

另取 250mL 锥形瓶收集流出液，取 40mL $0.5mol \cdot L^{-1}$ 盐酸，分次缓缓加入交换柱中，每次 5mL。待淋洗近结束时，取 1 滴流出液于点滴板上，加入 1 滴亚铁氰化钾溶液，检验铁离子是否洗脱完全。

各分离组合的测定方法如下：

1. 镍的测定

取镍的淋洗液，加 2 滴酚酞指示剂，用 $6mol \cdot L^{-1}$ 氢氧化钠溶液中和至红色，再滴加 $6mol \cdot L^{-1}$ 盐酸至红色褪去，再过量 5 滴。加入 20.00mL EDTA 标准溶液，加入 5mL $200g \cdot L^{-1}$ 的六亚甲基四胺，使溶液 pH 值为 5~5.5。加 4 滴二甲酚橙指示剂，以锌标准溶液滴定溶液中过剩的 EDTA，溶液由黄变为橙红色为终点。记录锌标准溶液消耗的体积。

2. 钴的测定

取钴的淋洗液，按测镍的方法测定钴的含量。

3. 铁的测定

将 $6mol \cdot L^{-1}$ 氨水滴加到铁的淋洗液中，直至氢氧化铁沉淀析出。再滴加 $3mol \cdot L^{-1}$ 盐酸至沉淀刚好溶解，此时溶液 pH 值为 2~2.5，加 10mL $2mol \cdot L^{-1}$ 氯乙酸，控制 pH 值在 1.5~1.8，加热至 50~60℃，加 2mL $50g \cdot L^{-1}$ 的磺基水杨酸，以 EDTA 标准溶液滴定至黄色，即为终点。

五、数据处理

$$分离后镍的质量(mg) = (20.00T - V_{Zn}c_{Zn}) \times \frac{58.69}{65.38} \tag{2.8}$$

式中，T 为 EDTA 溶液对锌的滴定度，1mL EDTA 相当于 $T(mg)$ 的锌；V_{Zn} 为滴定时消耗的锌标准溶液体积，mL；c_{Zn} 为锌标准溶液浓度，1mL 含 1mg 锌。

$$分离后钴质量（mg）=(20.00T-V_{Zn}c_{Zn})\times\frac{58.93}{65.38} \tag{2.9}$$

$$分离后铁的质量（mg）=V_{EDTA}T\times\frac{55.85}{65.38} \tag{2.10}$$

式中，V_{EDTA} 为滴定时消耗的 EDTA 体积，mL。

$$回收率 R=\frac{分离后镍（钴、铁）的质量}{加入混合试液中镍（钴、铁）的质量}\times100\% \tag{2.11}$$

六、思考题

1. 加入样品前用 9mol·L^{-1} 盐酸淋洗柱子的目的是什么？
2. 阴离子交换树脂分离铁钴镍的原理是什么，为什么要用不同浓度的盐酸淋洗？

实验 6 液-液萃取分离-罗丹明 B 分光光度法测定地质样品中微量镓

一、实验目的

1. 了解离子缔合物萃取体系的原理及应用；
2. 掌握液-液萃取的实验操作方法。

二、实验原理

在 $c(HCl)=6mol·L^{-1}$ 的盐酸溶液中，$GaCl_4^-$ 与罗丹明 B 的阳离子缔合形成离子缔合物。此缔合物可用苯-乙醚定量萃取，并呈现稳定的红紫色，借此进行分光光度法测定试样中镓的含量。在此条件下，铁（Ⅲ）、锑（Ⅴ）、铊（Ⅲ）、金（Ⅲ）等均与罗丹明 B 生成红色缔合物干扰镓的测定。在水相中加入还原剂三氯化铁，可消除上述离子的干扰。

三、仪器与试剂

1. 仪器：紫外-可见分光光度计（T6 新世纪型，北京普析通用公司）。
2. 试剂与溶液

（1）镓标准溶液 $[\rho(Ga)=100\mu g·mL^{-1}]$：称取高纯三氧化二镓 0.1344g，置于 250mL 烧杯中，加入 20~30mL（1+1）盐酸，于水浴中加热溶解，溶解完全后，用（1+1）盐酸将溶液转入 1000mL 容量瓶中，用（1+1）盐酸稀释至刻度，摇匀。

移取上液，用（1+1）盐酸逐次稀释至 $\rho(Ga)=1\mu g·mL^{-1}$ 的镓标准溶液。

（2）罗丹明 B（RhB）溶液 $[\rho(RhB)=5g·L^{-1}]$：取 0.5g 罗丹明 B 溶于 100mL（1+1）盐酸中。

（3）苯+乙醚混合溶剂（3+1）：将苯和乙醚按 3∶1 体积比混合于干燥的容器中。

（4）三氯化钛溶液 $[\rho(TiCl_3)=15g·L^{-1}]$。

（5）氢氧化钠。

（6）盐酸溶液（1+1）。

四、实验步骤

1. 工作曲线的制作

取 0.00、2.00mL、4.00mL、6.00mL、8.00mL、10.00mL $\rho(\text{Ga}) = 1\mu\text{g} \cdot \text{mL}^{-1}$ 的镓标准溶液，置于 25mL 带塞比色管中，用（1+1）盐稀释至 10mL，加入 1mL 盐酸、1mL 三氯化钛溶液，摇匀，放置 5min。加入 2mL 罗丹明 B 溶液，摇匀。加入 6.0mL 苯＋乙醚混合溶剂，盖上管塞，萃取 1min。静置分层后，用干燥的玻璃吸管小心吸取有机层置于 0.5cm 干燥的比色杯内，以试剂空白为参比。于 562nm 波长处测量吸光度。

2. 样品测定

称取 0.2000g 试样置于镍坩埚中，滴加几滴无水乙醇，加入 2～3g 氢氧化钠，置于马弗炉中，从低温升温至 650℃，并保持 30min 取出，冷却，将坩埚置于 250mL 烧杯中，热水浸取熔块，洗出坩埚，用盐酸中和至氢氧化物沉淀溶解，再过量 7mL，在低温电热板上将溶液蒸发至近干。取下冷却，用（1+1）盐酸溶解可溶性盐，转移至 50mL 容量瓶中，用（1+1）盐酸稀释至刻度，摇匀，澄清。

分取 10.00mL 清液置于 25mL 带塞比色管中，随后操作同 1。

五、数据处理

（1）以标准系列为横坐标，吸光度为纵坐标绘制工作曲线。

（2）按下式计算样品中镓的含量。

$$w(\text{Ga}) = \frac{(m_1 - m_0)V \times 10^{-6}}{mV_1} \tag{2.12}$$

式中，m_1 为从工作曲线上查得的试样溶液中 Ga 的质量，μg；m_0 为从工作曲线上查得试样空白溶液中 Ga 的质量，μg；m 为试样质量，g；V 为试液总体积，mL；V_1 为分取试液的体积，mL。

六、思考题

1. 实验中罗丹明 B 的作用是什么？
2. TiCl_3 为什么能消除铁等共存元素的干扰？

实验 7 溶剂萃取-火焰原子吸收光谱法测定水样中痕量镉

一、实验目的

1. 了解螯合物萃取体系的原理及应用；
2. 掌握液-液萃取的实验操作方法。

二、方法原理

在 pH＝4 的介质中，痕量 Cd 离子与二乙基二硫代氨基甲酸钠（DDTC）生成螯合物，用甲基异丁酮（MIBK）萃取，并将有机相直接引入火焰原子吸收光谱仪进行测定。

三、仪器及工作参数

TAS-990F 型原子吸收分光光度计（北京普析通用公司）。工作参数：灯电流 2.0mA，光谱通带 0.4nm，观察高度 10mm，空气流量 6.5L·min^{-1}，乙炔流量 1.0L·min^{-1}。

四、主要试剂与溶液

1. Cd^{2+} 标准工作溶液（2.5μg·mL^{-1}）。
2. DDTC 溶液 [ρ(DDTC)=20g·L^{-1}]：准确称取 2.0g DDTC（二乙基二硫代氨基甲酸钠），溶于少量水中，移入 100mL 容量瓶中，用水定容。
3. MIBK（甲基异丁酮）。
4. DDTC。
5. HCl。
6. NH$_3$·H$_2$O。

以上试剂均为分析纯，水为超纯水。

五、实验方法

1. 标准曲线的绘制

吸取 0.0、1.0mL、2.0mL、3.0mL、4.0mL、5.0mL Cd^{2+} 标准工作溶液于 25mL 比色管中，用水稀释至 20mL 左右，调节 pH=4，加 DDTC 溶液 2mL，用水稀至刻度，摇匀。加 MIBK 3mL，振摇萃取，静置分层。在选定的最佳仪器参数下，吸取上层有机相测定。

2. 样品分析

取 2.0mL 水样于 25mL 的比色管中，随后操作同 1。

六、分析结果的计算

根据测定的样品中 Cd^{2+} 的吸光度，计算其相应的浓度，并计算出样品中 Cd^{2+} 的含量。

七、思考题

1. 简要叙述溶剂萃取方法的特点。
2. 实验中二乙基二硫代氨基甲酸钠（DDTC）的作用是什么？它除了跟 Cd 离子生成螯合物，还能跟哪些离子生成螯合物？

实验 8　纸色谱法分离铌和钽及其测定

一、实验目的

1. 了解纸色谱法的原理及应用；
2. 掌握纸色谱法分离的操作技术。

二、实验原理

试样用氢氟酸-王水分解，将制备的试液涂在色层纸上，用甲基异丁酮-丁酮-氢氟酸-水作展开剂进行展开。因钽、铌的氟络离子的比移值较大，分别为 0.9 和 0.6，而其他杂质元素，如锰、铜、锡、铅、汞、铬、铁、钙、钴、镍、锌、钍、锆、锑、钒及稀土元素等的比移值很小，所以展开后，钽、铌与杂质元素的分离效果很好。谱带用单宁水溶液显色，色层纸顶端淡黄色的是钽带，中间橙黄色的是铌带，原点附近显黑色的是杂质带。

将分离后的铌带剪下，将铌转移到溶液中，用硫氰酸盐萃取光度法进行测定；将分离后的钽带剪下，将钽转移到溶液中，用丁基罗丹明 B 萃取光度法进行测定。

三、仪器与试剂

1. 主要仪器：紫外-可见分光光度计（T6 新世纪型，北京普析通用公司）；色层箱。可用塑料的密封色层箱，或者用干燥器代用。干燥器内层涂上一层石蜡，以防氢氟酸腐蚀。色层纸，3 号、中速，裁成 20cm×26cm 大小，长边顺着纸纹的方向。

2. 主要试剂及溶液

（1）氢氟酸＋王水（5＋1）：先将硝酸与盐酸按 1：3 比例混合制成王水，然后将氢氟酸与王水按 5：1 体积比混合，储存于塑料瓶中。

（2）甲基异丁酮。

（3）甲基异丁酮＋丁酮＋氢氟酸＋水（40＋40＋5＋15）展开剂。

（4）单宁（tannin）溶液 $[\rho(tannin)=20g \cdot L^{-1}]$。

（5）酒石酸（tart）溶液 $[\rho(tart)=60g \cdot L^{-1}]$。

（6）测铌混合液。取 60g 氯化亚锡溶于 500mL 盐酸后，溶完后，用水稀释至 700mL 左右。加 100g 三氯化铅，溶解后用水稀释至 1000mL。

（7）乙酸乙酯。

（8）铌标准溶液 $[\rho(Nb_2O_5)=100\mu g \cdot mL^{-1}]$：称取 0.0100g 经 800℃灼烧过的五氧化二铌，置于石英坩埚中，加入 4g 焦硫酸钠加热熔融，冷却，将坩埚置入 250mL 烧杯中，用 150g \cdot L^{-1} 的酒石酸溶液 40mL 加热浸取。冷却，移入 100mL 容量瓶中，用水稀释至刻度，摇匀。

吸取上述溶液 10.00mL 时，转入 100mL 容量瓶中，加入 1mL（1＋1）硫酸溶液，用 $60g \cdot L^{-1}$ 的酒石酸溶液稀释至刻度，摇匀，转入塑料瓶中保存。此溶液 $\rho(Nb_2O_5)=10\mu g \cdot mL^{-1}$。

（9）氟化钾溶液 $[\rho(KF)=150g \cdot L^{-1}]$。

（10）硫酸溶液（3＋2）。

（11）丁基罗丹明 B（BRhB）溶液 $[\rho(BRhB)=2g \cdot L^{-1}]$：称取 0.2g 丁基罗丹明 B 溶于 100mL 水中。

（12）钽标准溶液 $[\rho(Ta_2O_5)=100\mu g \cdot L^{-1}]$：称取 0.0100g 在 800℃灼烧过的光谱纯五氧化二钽置于石英坩埚中，加入 4g 焦硫酸钠熔融。取出坩埚，冷却，将坩埚放入 250mL 烧杯中，150g \cdot L^{-1} 酒石酸溶液 40mL 加热提取，洗出坩埚，在 90℃搅拌 30min。冷却，移入 100mL 容量瓶中，滴入氢氟酸 1 滴，用水稀释至刻度，摇匀。立即转入塑料瓶中保存 3 个月。

吸取上述溶液 10.00mL，转入 500mL 容量瓶中，加入 5mL（1＋1）硫酸溶液，用 $60g \cdot L^{-1}$ 酒石酸溶液稀释至刻度，摇匀。此溶液 $\rho(Ta_2O_5)=2\mu g \cdot mL^{-1}$。

（13）硫氰酸钾 $[\rho(KSCN)=200g \cdot L^{-1}]$。

四、实验步骤

1. 工作曲线的制作

（1）铌工作曲线：取 0.00、1.00mL、2.00mL、3.00mL、4.00mL、5.00mL、6.00mL $\rho(\mathrm{Nb_2O_5})=10\mu\mathrm{g}\cdot\mathrm{mL}^{-1}$ 的标准溶液，分别置于 50mL 比色管中。用 60g·L^{-1} 的酒石酸溶液稀释至 10mL，加入 15mL 测铌混合液，加入 5mL 200g·L^{-1}硫氰酸钾溶液，放置 10～20min，加入 10mL 乙酸乙酯，振荡 120 次，静置分层后，再放置 20min。用干燥吸管吸取有机相，以试剂空白作参比，在分光光度计 380nm 波长处，测量吸光度。

（2）钽工作曲线：取 0.00、1.00mL、2.00mL、3.00mL、4.00mL、5.00mL $\rho(\mathrm{Ta_2O_5})=2\mu\mathrm{g}\cdot\mathrm{mL}^{-1}$ 的五氧化二钽标准溶液，分别置于 25mL 无硼玻璃比色管中，加 5mL（3＋2）的硫酸，摇匀。冷却后，加 1mL 2g·L^{-1}丁基罗丹明 B 溶液，摇匀。用塑料吸管加入 1mL 150g·L^{-1}氟化钾溶液，放置 10min 后，加 8mL 苯，振荡比色管 25 次。静置分层后，准确吸取 4.0mL 有机相，放入预先盛有 1mL 无水乙醇的 10mL 带塞比色管中，摇匀。放置 30min 后，于分光光度计 555nm 波长处，以试剂空白作参比，测量吸光度。

2. 样品分析

准确称取 0.1～0.2g 试样，置于塑料坩埚中，用少许水润湿，加 3～5mL 氢氟酸-王水混合溶剂，在低温加热分解约 1h，溶样过程经常摇动坩埚，蒸发至 1～2mL。冷却后，用塑料吸管将试液分次涂于色层纸离底边 5cm 处，用少量甲基异丁酮洗坩埚 2～3 次，将洗涤液也涂在色层纸上。每涂一次样都用电吹风吹干。试样涂完后，将色层纸卷成圆筒状，放入已盛有 30～40mL 展开剂的塑料烧杯内（不能使涂液带浸入展开剂）。将塑料烧杯放入预先用展开剂蒸气饱和的色层箱中，进行展开。待展开剂离色层纸顶端约 2～3cm 时，取出色层纸，在空气中风干，放入盛有氨水的密封器皿中，用氨气中和纸上的酸（不能将色层纸浸入氨水中）。约 5min 后，取出色层纸，待色层纸上氨气逸出后（约 2～3min），将 20g·L^{-1}的单宁溶液喷在色层纸上。纸上显示出钽带、铌带和杂质带。

将色层纸上的铌带用剪刀剪下，并剪成小纸片，置于带塞的 50mL 比色管中，加入 10mL 60g·L^{-1}的酒石酸溶液，加 15mL 测铌混合液，不断振荡后，放置 1h，使铌全部浸出。其余同铌工作曲线的制作。

将色层纸上的钽带用剪刀剪下，置于铂坩埚中，加几滴硫酸和硝酸，于低温烘干后，在 600℃灰化。残渣用水润湿，加 4～6mL 氢氟酸，加热溶解。分解完全后，蒸至近干，加 5mL 300g·L^{-1}的酒石酸，以少量水稀释，加热溶解，移入 25mL 容量瓶中，用水稀释至刻度，摇匀。分取 5mL 溶液，其余操作同钽工作曲线的制作。

五、数据处理

1. 分别以铌、钽标准系列为横坐标，以吸光度为纵坐标绘制工作曲线。

2. 按下式计算分析结果。

$$w(\mathrm{Nb_2O_5,Ta_2O_5})=\frac{m_1V\times10^{-6}}{mV_1} \tag{2.13}$$

式中，m_1 为从工作曲线上查得的试样溶液中五氧化二铌（或钽）的质量，$\mu\mathrm{g}$；m 为试样质量，g；V 为试液总体积，mL；V_1 为分取试液的体积，mL。

六、思考题

1. 加入单宁溶液的作用是什么？
2. 为什么用纸色谱分离的时候不能用手指接触色谱分离纸的中部？

实验 9　薄层色谱法分离钾、铷、铯

一、实验目的

1. 了解薄层色谱法的原理；
2. 掌握薄层色谱法的操作技术。

二、实验原理

薄层色谱法是以涂布于支持板上的支持物作为固定相，以合适的溶剂为流动相，对混合样品进行分离、鉴定和定量的一种色谱分离技术。本实验制备层析硅胶板，将钾、铷、铯的碘化物的混合溶液点在薄板的下端，以含碘的硝基甲烷-苯作展开剂。由于钾、铷、铯在固定相（即硅胶上吸附的水分）和流动相（即展开剂）之间的分配系数不同，所以展开后，比移值不同。钾、铷、铯的比移值分别为 0.36、0.47、0.55。借此可将三者分离。

三、仪器与试剂

1. 玻璃板（7cm×18cm）。
2. 层析筒。
3. 层析硅胶（200 目）。
4. 展开剂：硝基甲烷＋苯（35＋65）。每 100mL 混合液中加入 I_2 1.27g。
5. 钾标准溶液 $[\rho(K^+)=5mg \cdot mL^{-1}]$：称取 1.064g 碘化钾溶于少许（9＋1）的甲醇溶液中，加入 1mL 2mol·L^{-1} 氢碘酸，移入 50mL 容量瓶中。用（9＋1）甲醇溶液稀释至刻度。
6. 铷标准溶液 $[\rho(Rb^+)=5mg \cdot mL^{-1}]$：称取 0.6212g 碘化铷，随后操作同钾标准溶液的制备。
7. 铯标准溶液 $[\rho(Cs^+)=5mg \cdot mL^{-1}]$：称取 0.4887g 碘化铯，随后操作同钾标准溶液的制备。
8. 钾、铷混合离子溶液 $[\rho(K^+、Rb^+)=5mg \cdot mL^{-1}]$：将 1.064g 碘化钾与 0.6212g 碘化铷放在同一烧杯中，随后操作同钾标准溶液制备。此溶液 1mL 含钾、铷离子各 5mg。
9. 铷、铯混合离子溶液：将 0.6212g 碘化铷与 0.4887g 碘化铯置于同一烧杯中，随后操作同钾标准溶液制备。

四、实验步骤

1. 取 7cm×18cm 玻璃板两块，洗净晾干，取 200 目层析硅胶 5g，置于小烧杯中，加水 12mL，调匀，手工铺板。薄板在平台上放置 20min，然后在烘箱中 105℃烘 30min，取出后在空气中放置 20min。备用。

2. 在一块硅胶薄板上，距底边 2cm 处，分别滴上 1 滴钾标准溶液、1 滴铷标准溶液和 1 滴钾、铷混合溶液。每滴试液相隔一定的距离。

3. 在另一块硅胶薄板上，按上述点样方式，分别滴上铷、铯、铷和铯三种溶液。

4. 将两块点样后的薄板放入盛有展开剂的层析筒中，薄板底端浸入展开剂 1～1.4cm，盖紧层析筒盖，进行展开。待溶剂前沿上升至 15cm 时，取出薄板，记下斑点及前沿位置，测量斑点及前沿距原点的距离。

五、数据处理

根据实验结果，按下式计算比移值 R_f：

$$R_f = \frac{A}{B} \tag{2.14}$$

式中，A 为钾离子（或铷、铯离子）展开后斑点中心到原点的距离，cm；B 为展开剂前沿到原点的距离，cm。

六、思考题

1. 为什么在硅胶薄板上滴溶液时，每滴试液相隔一定距离？
2. 试分析钾、铷、铯的分离原理。

第3章 岩石矿物分析

实验 10 铜试剂分光光度法测定矿石中的微量铜

一、实验目的

1. 了解半溶法溶解矿石中铜的基本原理；
2. 掌握分光光度法测定矿石中微量铜的分析方法。

二、实验原理

在 pH 5~8 时，二乙基氨二硫代甲钠（铜试剂）与 Cu^{2+} 可形成棕黄色的配合物：

$$\begin{array}{c} C_2H_5 \quad\quad S \\ \quad N-C \\ C_2H_5 \quad\quad SNa \end{array} + Cu^{2+}/2 \Longrightarrow \begin{array}{c} C_2H_5 \quad\quad S \\ \quad N-C \quad\quad Cu^{2+}/2 + Na^+ \\ C_2H_5 \quad\quad S \end{array}$$

加入动物胶作保护剂，用氯化铵-氨水小体积沉淀分离法使铁、锰、铅、铝等干扰元素形成氢氧化物沉淀与铜分离。在水相中用分光光度法测定铜。

三、仪器与试剂

1. 仪器：紫外-可见分光光度计（T6 新世纪型，北京普析通用公司）。
2. 试剂与溶液

（1）动物胶（glue）溶液 $[\rho(glue)=5g \cdot L^{-1}]$：称取 0.5g 动物胶溶于 100mL 热水中。

（2）氨水溶液 $[\varphi(NH_3 \cdot H_2O)=2\%]$。

（3）铜试剂（DDTC）溶液 $[\rho(DDTC)=1g \cdot L^{-1}]$：称取 0.1g 铜试剂溶于 100mL 水中。

（4）铜标准溶液 $[\rho(Cu^{2+})=1g \cdot L^{-1}]$：高纯铜片表面用 $\varphi(HNO_3)=10\%$ 的硝酸洗净，然后分别用水和无水乙醇洗涤，风干备用。称取已按上述方法处理的高纯金属铜片 1.0000g，置于 250mL 烧杯中，加 25mL $\varphi(HNO_3)=20\%$ 的硝酸溶液，盖上表皿，微微加热溶解完全后，转入 1000mL 容量瓶中，用水稀释至刻度，摇匀。

移取上述铜标准溶液 25.00mL，置于 500mL 容量瓶中，用水稀释至刻度，摇匀。此溶液 $\rho(Cu^{2+})=50\mu g \cdot mL^{-1}$。

四、实验步骤

1. 工作曲线的制作

分取 $\rho(Cu^{2+})=50\mu g \cdot mL^{-1}$ 的铜标准溶液 0.00、1.00mL、2.00mL、3.00mL、4.00mL、5.00mL，分别置于 50mL 比色管中，加入与试样溶液相同量的氨水和氯化铵，用

水稀释至 40mL 左右，加入 1mL $\rho(glue)=5g \cdot L^{-1}$ 的动物胶溶液，缓慢摇匀。加 $\rho(DDTC)=1g \cdot L^{-1}$ 的铜试剂溶液，稀释至刻度，在分光光度计 450nm 波长处，以试剂空白为参比，测定吸光度。

　　2. 样品分析

　　称取 0.1000～0.2000g 矿样，置于 100mL 烧杯中，加数滴水润湿矿样，加 10mL 盐酸，加热溶解数分钟。稍冷却，加 3mL 硝酸，继续加热，蒸发至湿盐状。加 3g 氯化铵，搅拌成砂粒状，加 10mL 氨水，搅拌均匀，用中速定性滤纸过滤。滤液用 100mL 容量瓶承接，沉淀用 $\varphi(NH_3 \cdot H_2O)=2\%$ 的氨水溶液洗涤 7～8 次。弃去滤纸和沉淀，用水定容，摇匀。

　　分取上述滤液 20mL，置于 50mL 比色管中，加水至 40mL 左右，随后操作同 1。

五、数据处理

　　1. 以标准系列为横坐标，吸光度为纵坐标绘制工作曲线。
　　2. 按下式计算样品中铜的含量。

$$w(Cu)=\frac{(m_1-m_0)V \times 10^{-6}}{mV_1} \tag{3.1}$$

　　式中，m_1 为从工作曲线上查得试样溶液中铜的质量，μg；m_0 为从工作曲线上查得试样空白溶液中铜的质量，μg；V 为试样溶液总体积，mL；V_1 为分取试样溶液的体积，mL；m 为称取试样的质量，g。

六、思考题

　　1. 盐酸及硝酸能否完全溶解矿样？为什么？
　　2. 试解释加入动物胶的作用。

实验 11　偶氮胂Ⅲ分光光度法测定地质样品中稀土总量

一、实验目的

　　1. 了解地质样品中稀土元素的预处理方法；
　　2. 掌握分光光度法测定地质样品中稀土总量的分析方法。

二、实验原理

　　试样经碱熔后，用三乙醇胺溶液提取。稀土氢氧化物沉淀，用盐酸溶解，制成试液。

　　在 pH=5.5 的乙酸-乙酸钠缓冲溶液中，PMBP 与稀土离子生成的配合物能被苯萃取。为了防止钛、锆等金属离子水解析出沉淀，可在调节 pH 前加入磺基水杨酸。同时被萃取的还有钍、铀等离子，用甲酸-8-羟基喹啉溶液反萃取时，稀土元素转入水相而与钍、铀等元素分离。

　　pH 2.5～3.0 时，稀土离子与偶氮胂Ⅲ形成稳定的蓝绿色的配合物，借此用分光光度法测定稀土的含量。

三、仪器与试剂

　　1. 主要仪器：紫外-可见分光光度计（T6 新世纪型，北京普析通用公司）。

2. 主要试剂与溶液

(1) 过氧化钠。

(2) 三乙醇胺（TEA）溶液 $[\varphi(\text{TEA})=5\%]$。

(3) 盐酸：$(1+9)$ 和 $\varphi(\text{HCl})=5\%$。

(4) 含过氧化氢盐酸溶液：1000mL $(1+4)$ 的盐酸溶液中加入 10mL 过氧化氢。

(5) 氢氧化钠溶液 $[\rho(\text{NaOH})=10\text{g}\cdot\text{L}^{-1}]$。

(6) 盐酸羟胺溶液 $[\rho(\text{NH}_2\text{OH}\cdot\text{HCl})=100\text{g}\cdot\text{L}^{-1}]$。

(7) 磺基水杨酸（SSA）溶液 $[\rho(\text{SSA})=400\text{g}\cdot\text{L}^{-1}]$。

(8) 混合指示剂：取溴甲酚绿 0.15g、甲基红 0.05g，溶于 30mL 乙醇中，加水 70mL，混匀。

(9) 氨水 $(1+4)$。

(10) 乙酸-乙酸钠缓冲溶液（pH=5.5）：称取无水乙酸钠 164g，加水溶解后，加入 16mL 冰乙酸，用水稀释至 1000mL，用 pH 计检查 pH。

(11) 1-苯基-3-甲基-4-苯甲酰基吡唑酮（PMBP）苯溶液 $[c(\text{PMBP})=0.01\text{mol}\cdot\text{L}^{-1}]$：取 PMBP 2.8g 溶于 1000mL 苯中。

(12) 抗坏血酸。

(13) 8-羟基喹啉的甲酸溶液（pH 2.4～2.8）：称取 0.15g 8-羟基喹啉于 1.0L $\varphi(\text{甲酸})=1\%$ 的甲酸溶液中。

(14) 偶氮胂Ⅲ（A-Ⅲ）水溶液 $[\rho(\text{A-Ⅲ})=1\text{g}\cdot\text{L}^{-1}]$。

(15) 稀土氧化物标准溶液 $[\rho(\text{RE}_2\text{O}_3)=200\mu\text{g}\cdot\text{mL}^{-1}]$：称取于 850℃灼烧 1h 的、按一定比例配制的铈、镧、钇氧化物 0.1000g，加 5mL 盐酸及几滴过氧化氢，加热溶解。冷却后，移入 500mL 容量瓶中，用水稀释至刻度，摇匀。

取上述溶液稀释成 $\rho(\text{RE}_2\text{O}_3)=10\mu\text{g}\cdot\text{mL}^{-1}$ 的标准工作溶液。

四、实验步骤

1. 工作曲线的制作

分取 $\rho(\text{RE}_2\text{O}_3)=10\mu\text{g}\cdot\text{mL}^{-1}$ 稀土氧化物的标准溶液 0.00、1.00mL、2.00mL、3.00mL、4.00mL、5.00mL、6.00mL、7.00mL、8.00mL，分别置于分液漏斗中，用水补足至 10mL，加入 1mL 100g·L⁻¹盐酸羟胺、1mL 400g·L⁻¹磺基水杨酸，加 2 滴混合指示剂，用 $(1+4)$ 氨水调节至溶液刚变成绿色，然后用 $(1+9)$ 盐酸调节使溶液出现橙色，此时 pH 应为 5 左右。加入 3mL pH=5.5 的乙酸-乙酸钠缓冲溶液，加 15mL 0.01mol·L⁻¹ 的 PMBP 苯溶液，振荡 1min。放置分层后，彻底弃去水相，再加 3mL pH=5.5 的乙酸-乙酸钠缓冲溶液，振荡 5s。分层后弃去水相，用水吹洗分液漏斗颈部内壁，放尽残余水相。向有机相内加入 10mg 抗坏血酸，准确加入 15mL pH=2.4 的反萃取液，振荡 1min。静置分层后，将水相转入干燥的比色管中，加入 1.0mL 1g·L⁻¹的偶氮胂Ⅲ水溶液，摇匀后，在分光光度计 660nm 波长处，以试剂空白作参比，测量吸光度。

2. 样品测定

称取 0.2000g 试样于刚玉坩埚中，加入过氧化钠 3～4g，搅匀后再覆盖约 1g 过氧化钠，在 700℃高温炉中熔融 5～10min。取出冷却，将坩埚放入预先盛有 80mL $\varphi=5\%$ 三乙醇胺的烧杯中。用水洗出坩埚，充分搅拌，煮沸，放冷，用中速定性滤纸过滤，以 10g·L⁻¹的氢氧化钠洗烧杯及沉淀 7～8 次，沉淀用热的 20mL 含过氧化氢的（1+4）盐酸溶解，用 50mL 容量瓶承接，再用 $\varphi(\text{HCl})=5\%$ 盐酸洗烧杯 2～3 次、洗滤纸 4～5 次，用水稀释至刻度，摇匀。

吸取上述溶液 2～5mL 于分液漏斗中，用水补足至 10mL，其余操作按工作曲线的制作。

五、数据处理

1. 以稀土氧化物标准系列为横坐标，以吸光度为纵坐标绘制工作曲线。
2. 按下式计算样品中稀土总量 $w(\text{RE}_2\text{O}_3)$。

$$w(\text{RE}_2\text{O}_3) = \frac{(m_1 - m_0)V \times 10^{-6}}{mV_1} \tag{3.2}$$

式中，m_1 为从工作曲线上查得试样溶液中 RE_2O_3 的质量，μg；m_0 为从工作曲线上查得试样空白溶液中 RE_2O_3 的质量，μg；V 为试样溶液总体积，mL；V_1 为分取试样溶液的体积，mL；m 为称取试样的质量，g。

六、思考题

1. 过氧化钠的作用是什么？抗坏血酸的作用是什么？
2. 了解稀土总量与稀土元素分离测定的共同点与区别。

实验 12　银-邻二氮菲-溴邻苯三酚红三元配合物分光光度法测定银

一、实验目的

1. 了解分光光度法中掩蔽剂的作用；
2. 掌握分光光度法测定地质样品中微量银的分析方法。

二、实验原理

中性溶液中，银离子与邻二氮菲-溴邻苯三酚红形成离子缔合物，该缔合物在 630nm 波长处有最大吸收。加入少量动物胶可使缔合物在溶液中稳定 4h。100 倍量的 EDTA 存在时，可消除多数共生元素的干扰。但铀（Ⅳ）、钍（Ⅳ）、铌（Ⅴ）、金（Ⅲ）及氰根离子、硫酸盐对测定有干扰。

三、仪器与试剂

1. 主要仪器：紫外-可见分光光度计（T6 新世纪型，北京普析通用仪器公司）。
2. 主要试剂与溶液
(1) 硝酸（1+1）。
(2) 盐酸（1+1）。
(3) 硫酸：（1+1）和（1+2）。
(4) 氢氧化钠溶液 $[\rho(\text{NaOH})=100\text{g} \cdot \text{L}^{-1}]$。

(5) 酚酞指示剂：$\rho(P) = 1g \cdot L^{-1}$ 的乙醇溶液。

(6) EDTA 溶液 $[c(\text{EDTA}) = 0.1\text{mol} \cdot L^{-1}]$：取 3.7g EDTA 二钠盐溶于 100mL 水中。

(7) 乙酸铵溶液 $[\rho(\text{NH}_4\text{Ac}) = 200g \cdot L^{-1}]$。

(8) 邻二氮菲（phen）溶液 $[c(\text{phen}) = 10^{-3}\text{mol} \cdot L^{-1}]$：取 49.5g 邻二氮菲溶于 250mL 水中。

(9) 溴邻苯三酚红（BPR）水溶液 $[c(\text{BPR}) = 10^{-3}\text{mol} \cdot L^{-1}]$：取 BPR 288mg，加入 50g 乙酸铵，加水溶解（可微微加热），冷却，用水稀释至 500mL。

(10) 动物胶溶液 $[\rho(\text{glue}) = 10g \cdot L^{-1}]$：取 1g 动物胶，溶于 100mL 热水中。

(11) 银标准溶液 $[\rho(\text{Ag}) = 100\mu g \cdot mL^{-1}]$。称取 0.1575g 优级纯硝酸银溶于水中，加入 1mL 硝酸，转入 1000mL 容量瓶中，用水稀释至刻度。

吸取上述溶液 10.00mL 移入 100mL 容量瓶中，用水稀释至刻度。此溶液 $\rho(\text{Ag}) = 10\mu g \cdot mL^{-1}$。

四、实验步骤

1. 工作曲线的制作

取 6 支 50mL 比色管，分别加入 5mL 0.1mol·L⁻¹EDTA 溶液、2mL 200g·L⁻¹ 的乙酸铵、5mL 10⁻³mol·L⁻¹ 的邻二氮菲溶液、2mL 10⁻³mol·L⁻¹ 溴邻苯三酚红溶液、1mL 10g·L⁻¹动物胶溶液、5mL 乙醇。每加入一种试剂，均需摇匀。再加入 $\rho = 10\mu g \cdot mL^{-1}$ 银的标准溶液 0.00、1.00mL、2.00mL、4.00mL、6.00mL、8.00mL，用水稀释至刻度。于分光光度计 630nm 波长处，以试剂空白为参比，测量吸光度。

2. 样品测定

称取试样 0.2000~2.000g，置于 150mL 烧杯中。加 20mL（1+1）硝酸、20mL（1+1）盐酸，盖上表面皿，于电热板上加热分解。待煮沸 30min 后，取下表面皿，蒸发至近干。再加入 5~10mL（1+1）硝酸，5mL（1+1）硫酸，加热蒸发至冒浓白烟。取下冷却，用氨水中和并过量 5mL，加热近沸，取下冷却，移入 100mL 容量瓶中，用水稀释至刻度，摇匀，干过滤。

取过滤后清液 10~50mL 于 150mL 烧杯中，加入 0.5g 硫酸钠和 5mL 硝酸，加热蒸干。取下，加入少量水溶解盐类，加入酚酞指示剂 1 滴，用 100g·L⁻¹氢氧化钠中和至溶液变红色，再滴加（1+2）硫酸至溶液恰好无色。

取 2 支 50mL 比色管，其余操作按工作曲线的制作。

五、数据处理

1. 以银的标准系列为横坐标，以吸光度为纵坐标，绘制工作曲线。

2. 按下式计算样品中银的含量 $w(\text{Ag})$。

$$w(\text{Ag}) = \frac{(m_1 - m_0)V \times 10^{-6}}{mV_1} \tag{3.3}$$

式中，m_1 为从工作曲线上查得试样溶液中银的质量，μg；m_0 为从工作曲线上查得试样空白溶液中银的质量，μg；V 为试样溶液总体积，mL；V_1 为分取试样溶液的体积，mL；m 为称取试样的质量，g。

六、思考题

为什么银溶液在最后一步才加入?

实验 13　聚环氧乙烷重量法测定地质样品中二氧化硅

一、实验目的

1. 了解无水碳酸钠溶解矿样的方法及步骤;
2. 掌握聚环氧乙烷重量法测定地质样品中二氧化硅的分析方法。

二、实验原理

试样用无水碳酸钠熔融, 盐酸浸取, 蒸发至小体积。加入聚环氧乙烷使硅酸凝聚, 过滤, 洗涤, 灼烧至恒重。沉淀用氢氟酸、硫酸处理, 使硅以四氟化硅形式挥发除去, 再灼烧至恒重。前后质量之差即为沉淀中二氧化硅的质量。残渣用焦硫酸钾熔融, 水提取并加入二氧化硅滤液中, 经解聚后用钼蓝光度法测定滤液中残余的二氧化硅, 将沉淀中和滤液中二氧化硅的质量相加, 即为试样中二氧化硅含量。

三、试剂与溶液

1. 无水碳酸钠。
2. 盐酸溶液 (1+1): $\varphi(HCl)=5\%$, $c(HCl)=1 mol \cdot L^{-1}$。
3. 聚环氧乙烷熔液 [$\rho(PEO)=1 g \cdot L^{-1}$]: 0.1g 聚环氧乙烷置于 100mL 水中, 搅拌, 放置过夜, 过滤后使用。
4. 硫酸 (1+1)。
5. 氢氟酸。
6. 焦硫酸钾。
7. 氢氧化钠溶液: $\rho(NaOH)=100 g \cdot L^{-1}$, 储存于塑料瓶中。
8. 钼酸铵溶液: $\rho[(NH_4)_2MoO_4]=50 g \cdot L^{-1}$, 储存于塑料瓶中。
9. 抗坏血酸溶液: $\rho(VC)=50 g \cdot L^{-1}$。
10. 二氧化硅标准溶液: 称取 0.2000g 预先经 1000℃灼烧 1h 的高纯二氧化硅, 置于铂坩埚中。加入 4g 无水碳酸钠, 混匀, 放入高温炉中在 1000℃熔融 1h。取出冷却后, 放入塑料烧杯中用热水浸取, 用水洗净坩埚和坩埚盖, 移入 1000mL 容量瓶中, 迅速用水稀释至刻度, 摇匀。立即转入干燥的塑料瓶中保存。此溶液 $\rho(SiO_2)=200 \mu g \cdot mL^{-1}$。

移取上述溶液 10.00mL, 置于 100mL 容量瓶中, 用水稀释至刻度, 摇匀。立即转入干燥的塑料瓶中保存。此溶液 $\rho(SiO_2)=20 \mu g \cdot mL^{-1}$。用时现配制。
11. 酚酞指示剂: $\rho(P)=1 g \cdot L^{-1}$, 乙醇溶液。

四、实验步骤

1. 工作曲线的制作

分取 0.00、1.00mL、2.00mL、3.00mL、4.00mL、5.00mL $\rho(SiO_2)=20 \mu g \cdot mL^{-1}$

的标准溶液，分别置于盛有 10mL 1mol·L^{-1}盐酸的 100mL 容量瓶中，加水至 40mL 左右，加 10mL 无水乙醇，摇匀。加 5mL 50g·L^{-1}钼酸铵，摇匀。放置 20min，加 10min（1＋1）的硫酸，摇匀。放置 10min 后，加 5mL ρ(VC)＝50g·L^{-1}抗坏血酸溶液，摇匀。用水稀释至刻度，摇匀。放置 1h 后，用 2cm 比色皿，于分光光度计 660nm 处以试剂空白作参比测量吸光度。

2. 样品分析

称取 1.0000g 试样置于预先盛有 6g 无水碳酸钠的铂坩埚中，搅拌均匀，再覆盖 1g 无水碳酸钠，盖上铂坩埚盖，放入马弗炉中，在 1000℃熔融 40min。取出冷却，用滤纸擦净坩埚外壁，放入 250mL 烧杯中，盖上表面皿，慢慢加入 50mL（1＋1）的盐酸，待剧烈反应停止后，加热使熔块脱落，洗出坩埚和坩埚盖。如有结块，用玻璃棒小心压碎。盖上表面皿，放在沸水浴上蒸发至约 10mL，取下。冷却，加 10mL 盐酸，加 5mL 1g·L^{-1}的聚环氧乙烷溶液，搅匀，放置 5min，加水约 30mL，搅拌使可溶性盐类溶解。用中速定量滤纸过滤，滤液收集于 250mL 容量瓶中，将沉淀全部转入滤纸上，用 φ(HCl)＝5％的盐酸溶液洗涤烧杯与滤纸各数次，并用橡皮擦头和一小片定量滤纸擦净玻璃棒和烧杯，再用水洗沉淀和滤纸至无氯离子（用 10g·L^{-1}硝酸银溶液检查）。

将滤纸连同沉淀放入铂坩埚中，低温灰化。将铂坩埚放入高温炉中，在 1000℃灼烧 1h。取出稍冷后，放入干燥器中，冷却 20min，称重。再在同样温度下反复灼烧 30min 直至恒重。沿坩埚壁加 3～5 滴水润湿沉淀，加 10 滴（1＋1）硫酸、5mL 氢氟酸，加热蒸发至白烟冒尽。将坩埚连同残渣置于 1000℃马弗炉灼烧 30min，取出稍冷后，放入干燥器中，冷却 20min，称重，再在同样温度下反复灼烧 30min 直至恒重。两次称量的质量之差即为沉淀中二氧化硅的质量。

残渣用 1～2g 焦硫酸钾在 600～700℃熔融 5min，加数毫升水及几滴（1＋1）盐酸加热溶解，并放入收集滤液的 250mL 容量瓶中，冷却至室温，用水稀释至刻度，摇匀。此滤液保留供测定其他项目用。

分取上述滤液 10.00mL 置于 50mL 聚四氟乙烯烧杯或 30～50mL 铂坩埚中，加 10mL 100g·L^{-1}的氢氧化钠溶液，搅匀，放于电热板上加热微沸 2～3min。取下冷却，加 1 滴酚酞指示剂，先用（1＋1）的盐酸中和大量的碱后，再用 1mol·L^{-1}稀盐酸中和至红色褪去，并过量 6mL，移入 100mL 容量瓶中。加入 10mL 无水乙醇，摇匀。其余操作按工作曲线的制作。

五、数据处理

1. 以 SiO$_2$标准系列为横坐标，以吸光度为纵坐标，绘制工作曲线，计算出滤液中 SiO$_2$量。

2. 按下式计算试样中 SiO$_2$的含量。

$$w(SiO_2) = \frac{(m_1 - m_2) - (m_3 - m_4)}{m} + \frac{(m_5 - m_0)V \times 10^6}{mV_1} \qquad (3.4)$$

式中，m_1 为处理前沉淀与坩埚的总质量，g；m_2 为处理后残渣与坩埚的总质量，g；m_3 为处理前空坩埚的质量，g；m_4 为处理后空坩埚的质量，g；m_5 为从工作曲线上查得试样滤液中二氧化硅的质量，μg；m_0 为从工作曲线上查得试样空白溶液的二氧化硅的质量，μg；V 为试样滤液总体积，mL；V_1 为分取试样滤液的体积，mL；m 为试样的质量，g。

六、思考题

重量分析法有哪些优缺点?

实验 14　动物胶凝聚重量法测定硅酸盐中二氧化硅

一、实验目的

1. 了解氢氧化钠熔融法溶解矿样的原理及实验步骤;
2. 掌握动物胶凝聚重量法测定地质样品中二氧化硅的分析方法。

二、实验原理

动物胶是一种蛋白质。在酸性溶液中,硅酸的质点是亲水性很强的胶点,带负电荷。动物胶在酸性溶液中其质点吸附 H^+ 面带正电荷。当温度控制在 70℃ 左右时,此二质点彼此中和而产生沉淀。沉淀经 1000℃ 灼烧后称重,即得二氧化硅的质量。

动物胶凝聚硅酸的条件与盐酸酸度、温度以及动物胶用量有关。

三、试剂与溶液

1. 动物胶溶液 $[\rho(\text{glue})=10\text{g} \cdot \text{L}^{-1}]$:取 1g 动物胶溶解于 100mL 70℃ 的水中,用时现配。
2. 盐酸溶液 $[\varphi(\text{HCl})=2\%]$。
3. 硝酸银溶液 $[\rho(\text{AgNO}_3)=10\text{g} \cdot \text{L}^{-1}]$。

四、实验步骤

称取 0.5000g 试样,置于干燥的镍坩埚中,加数滴无水乙醇润湿,加 5g 氢氧化钠,将坩埚置于马弗炉中,盖上坩埚盖,从低温开始升温,于 550℃ 熔融 20min。取出冷却,将坩埚放入 250mL 烧杯中,加入热水 30~40mL,浸出熔块。洗出坩埚和坩埚盖,加入 20mL 盐酸,将烧杯放在低温电热板上,蒸发至湿盐状。取下冷却,小心用玻棒压碎盐块,加入 10mL 盐酸,搅拌均匀,加热微沸 1min。加入 7mL 10g · L^{-1} 的动物胶,充分搅拌 1min,于低温电热板上保温 10min。取下用水冲洗表面皿及杯壁,加热水 25mL 左右,搅拌使可溶性盐类溶解,用中速定量滤纸过滤。滤液收集于 250mL 容量瓶中(供 Fe、Al、Ti、Ca、Mg 等项目测定用),将沉淀全部转到滤纸上,用热的 $\varphi(\text{HCl})=2\%$ 盐酸洗涤沉淀与烧杯各数次。用橡皮擦头或一小片定量滤纸擦净烧杯,用热水洗涤沉淀和滤纸至无氯离子(可用 10g · L^{-1} 硝酸银溶液检查)。将滤纸连同沉淀一起转入已恒重的瓷坩埚中,低温灰化后,于 1000℃ 灼烧 1h。取出稍冷后,放入干燥器中,冷却 20min,称重。再在同样温度下灼烧 30min 直至恒重。

五、数据处理

按下式计算 SiO_2 含量。

$$w(\text{SiO}_2) = \frac{G_1 - G_2}{G}$$

(3.5)

式中，G_1 为坩埚与沉淀总质量，g；G_2 为坩埚质量，g；G 为试样质量，g。

六、思考题

动物胶是如何凝聚硅酸的？

实验 15　二安替比林甲烷分光光度法测定硅酸盐中微量钛

一、实验目的

1. 了解分光光度法中干扰离子的消除及掩蔽剂的使用；
2. 掌握分光光度法测定硅酸盐中微量钛的分析方法。

二、实验原理

在 $c(H_2SO_4)$ 为 $0.25\sim2mol\cdot L^{-1}$ 或 $c(HCl)$ 为 $0.5\sim4mol\cdot L^{-1}$ 的介质中，钛（Ⅳ）与二安替比林甲烷形成黄色配合物，可借此进行钛的分光光度法测定。铝、钙、镁、锰不干扰测定，铁（Ⅲ）、铬（Ⅵ）、钒（Ⅴ）和铈（Ⅳ）离子干扰测定，可加入抗坏血酸还原消除。

本法适用范围较广，可用于各种岩石、矿物中的低含量钛的测定。

三、仪器与试剂

1. 仪器：紫外-可见分光光度计（T6 新世纪型，北京普析通用公司）。
2. 试剂与溶液

（1）抗坏血酸溶液：$\rho(VC)=20g\cdot L^{-1}$，用时现配。

（2）二安替比林甲烷（DAPM）溶液 $[\rho(DAPM)=10g\cdot L^{-1}]$：取 1g 二安替比林甲烷溶于 100mL $c(HCl)=2mol\cdot L^{-1}$ 的盐酸溶液中。

（3）二氧化钛标准溶液 $[\rho(TiO_2)=0.5mg\cdot mL^{-1}]$：称取 0.5000g 预先经 1000℃ 灼烧的光谱纯二氧化钛（TiO_2），置于铂坩埚中。加 10g 焦硫酸钾，在 650℃ 熔融 $10\sim15min$。取出冷却，放入 400mL 烧杯中，用 $\varphi(H_2SO_4)=5\%$ 的硫酸溶液加热浸取。熔块脱落后，洗出坩埚，加热使溶液透明，冷却，移入 1000mL 容量瓶中，用 $\varphi(H_2SO_4)=5\%$ 的硫酸溶液稀释至刻度，摇匀。

分取上述二氧化钛标准溶液 10.00mL，置于 100mL 容量瓶中，用 $\varphi(H_2SO_4)=5\%$ 的硫酸溶液稀释至刻度，摇匀。此溶液 $\rho(TiO_2)=50\mu g\cdot mL^{-1}$。

四、实验步骤

1. 工作曲线的制作

分取 0.00、2.00mL、4.00mL、6.00mL、8.00mL $\rho(TiO_2)=50\mu g\cdot mL^{-1}$ 的二氧化钛标准溶液，分别置于 50mL 容量瓶中。加入 2mL（1+1）盐酸，加水稀释至 20mL 左右，加入 5mL $20g\cdot L^{-1}$ 抗坏血酸溶液，摇匀。放置 5min 后，加入 20mL $10g\cdot L^{-1}$ 的二安替比林甲烷溶液，用水稀释至刻度，摇匀。1h 后，在分光光度计 450nm 波长处，以试剂空白为参比测量吸光度。

2. 样品测定

分取测定二氧化硅的滤液 5～10mL，置于 50mL 容量瓶中，加 5mL 20g·L^{-1} 的抗坏血酸溶液，摇匀。其余操作同工作曲线的制作。

五、数据处理

1. 以钛标准系列浓度为横坐标，吸光度为纵坐标，绘制工作曲线。

2. 按下式计算钛含量 $w(TiO_2)$。

$$w(TiO_2) = \frac{(m_1 - m_0)V \times 10^{-6}}{mV_1} \tag{3.6}$$

式中，m_1 为从工作曲线上查得试样溶液中 TiO_2 的质量，μg；m_0 为从工作曲线上查得试样空白溶液中 TiO_2 的质量，μg；V 为试样溶液总体积，mL；V_1 为分取试样溶液的体积，mL；m 为称取试样的质量，g。

六、思考题

掩蔽剂进行掩蔽作用的原理有哪些?

实验 16   氟化钾取代 EDTA 配位滴定法测定硅酸盐中铝

一、实验目的

1. 了解氟化钾取代 EDTA 配位滴定法测定铝的原理；
2. 掌握 EDTA 配位滴定法测定硅酸盐中铝的分析方法。

二、实验原理

在盐酸介质中，加入过量 EDTA 使之与铁、铝、钛等金属离子配位。调节溶液 pH 值，使 pH＝6，以二甲酚橙作指示剂，用锌盐标准溶液滴定过量的 EDTA，然后加入氟化钾取代与铝、铁配合的 EDTA。再用锌盐标准溶液滴定释放出来的 EDTA，记录锌标准溶液的消耗量，此为铝、铁含量，从中减去已由其他方法测得的钛量，即得铝的含量。

三、仪器与试剂

1. EDTA 溶液 [$c(EDTA) = 0.02mol·L^{-1}$]：称取 7.44g EDTA 二钠盐，溶解于水中，适当加热。冷却后加水至 1000mL，摇匀。

2. 氢氧化铵 （1＋1）。

3. 乙酸-乙酸铵缓冲溶液 （pH＝6）：1000mL 水中含 60g 乙酸铵和 2mL 冰醋酸。

4. 三氧化二铝标准储备溶液 [$\rho(Al_2O_3) = 1mg·mL^{-1}$]：准确称取 0.5293g 高纯金属铝片 [预先用 （1＋1） 盐酸洗净表面，然后分别用水和无水乙醇洗涤，风干后备用]，置于烧杯中，用 20mL （1＋1） 盐酸溶解，移入 1000mL 容量瓶中，冷却至室温，用水稀释至刻度，摇匀。

5. 乙酸锌标准溶液：称取 4.4g 乙酸锌 [$Zn(CH_3COO)_2·2H_2O$] 溶解在水中，用 （1＋1） 乙酸调节至 pH＝6，过滤，加水至 2000mL。

乙酸锌标准溶液的标定：取 10.00mL 三氧化二铝的标准溶液，置于 200mL 烧杯中，随后按试样分析步骤进行操作。计算乙酸锌标准溶液对三氧化二铝的滴定度。

6. 刚果红试纸。

7. 二甲酚橙水溶液（$\rho = 2g \cdot L^{-1}$）。

8. 氟化钾溶液（$\rho = 200g \cdot L^{-1}$）：储存于塑料瓶中。

四、实验步骤

分取测定二氧化硅的滤液 10~25mL，置于 250mL 烧杯中。加入 25mL 0.02mol·L⁻¹ EDTA 溶液，用水稀释至 150mL 左右。放入一小片刚果红试纸，用（1+1）氨水调至刚果红试纸变红色，盖上表面皿，加热煮沸 2~3min。取下，加入 10mL pH=6 的乙酸-乙酸铵缓冲溶液，冷却，用水冲洗表面皿及烧杯内壁。加 2~3 滴二甲酚橙溶液，用乙酸锌标准溶液滴定至溶液刚变为橙红色，即为终点（不计读数）。然后加入 5mL 200g·L⁻¹ 的氟化钾溶液，搅匀，用玻棒压住刚果红试纸，小心煮沸 3min。取下立即用流水冷却，补加 1~2 滴二甲酚橙溶液，用乙酸锌标准溶液滴定至橙红色，即为终点，记下读数。此结果为铝、钛含量，减去钛量后才能得铝的含量。

五、数据处理

$$w(Al_2O_3) = \frac{(V_1 - V_0)TV \times 10^{-3}}{mV_2} - w(TiO_2) \times 0.6381 \tag{3.7}$$

式中，V_1 为滴定试样溶液消耗的乙酸锌标准溶液体积，mL；V_0 为滴定试样空白溶液消耗的乙酸锌标准溶液体积，mL；T 为乙酸锌标准溶液对三氧化二铝的滴定度，mL·mL⁻¹；V 为二氧化硅滤液的总体积，mL；V_2 为分取试液体积，mL；0.6381 为二氧化钛对三氧化二铝的换算因数；m 为试样质量，g。

六、思考题

在进行配位滴定时应注意什么？

实验 17　磺基水杨酸分光光度法测定硅酸盐中微量铁

一、实验目的

1. 了解磺基水杨酸分光光度法测定三氧化二铁的原理；
2. 掌握分光光度法测定硅酸盐中微量铁的分析方法。

二、实验原理

在 pH 8~11.5 的氨性溶液中，三价铁离子与磺基水杨酸生成黄色配合物，可进行光度法测定。

三、仪器与试剂

1. 仪器：紫外-可见分光光度计（T6 新世纪型，北京普析通用公司）。

2. 试剂与溶液

（1）氨水（1+1）。

（2）磺基水杨酸（SSA）溶液 $[\rho(SSA)=200g \cdot L^{-1}]$。

（3）铁标准溶液 $[\rho(Fe_2O_3)=1mg \cdot mL^{-1}]$：称取 0.6994g 高纯铁丝，溶解于 10mL 盐酸中，移入 1000mL 容量瓶中，用水稀释至刻度，摇匀。

取上述铁标准溶液 10.00mL 置于 100mL 容量瓶中，用水稀释至刻度，摇匀。此溶液 $\rho(Fe_2O_3)=100\mu g \cdot mL^{-1}$。

四、实验步骤

1. 工作曲线的制作

分取 $\rho(Fe_2O_3)=100\mu g \cdot mL^{-1}$ 的三氧化二铁标准溶液 0.00、1.00mL、2.00mL、3.00mL、4.00mL、5.00mL 分别置于 50mL 容量瓶中，加 5mL 200g·L^{-1} 的磺基水杨酸溶液，滴加（1+1）氨水，使溶液呈黄色并过量 2mL。用水稀释至刻度，摇匀，以试剂空白为参比，在分光光度计 425nm 波长处测量吸光度。

2. 样品测定

吸取测定二氧化硅的滤液 5~10mL，置于 50mL 容量瓶中。加 5mL 200g·L^{-1} 的磺基水杨酸溶液，滴加（1+1）氨水，使溶液呈黄色并过量 2mL。用水稀释至刻度，摇匀。与标准系列同时测定。

五、数据处理

1. 以铁标准系列浓度为横坐标，吸光度为纵坐标，绘制工作曲线。

2. 按下式计算铁含量 $w(Fe_2O_3)$。

$$w(Fe_2O_3)=\frac{(m_1-m_0)V \times 10^{-6}}{mV_1} \tag{3.8}$$

式中，m_1 为从工作曲线上查得试样溶液中 Fe_2O_3 的质量，μg；m_0 为从工作曲线上查得试样空白溶液中 Fe_2O_3 的质量，μg；V 为试样溶液总体积，mL；V_1 为分取试样溶液的体积，mL；m 为称取试样的质量，g。

注：该方法通过碱熔分解样品，沉淀二氧化硅，在滤液中测定铁含量。在分析过程中 Fe^{2+} 已被氧化为 Fe^{3+}，所以按此方法测得的是样品中全铁的量。

六、思考题

1. 磺基水杨酸测定三氧化二铁的原理是什么？

2. 实验过程中，要注意哪些问题？

实验 18　邻二氮菲分光光度法测定硅酸盐中三氧化二铁

一、实验目的

1. 了解邻二氮菲分光光度法测定铁的方法原理；

2. 掌握邻二氮菲分光光度法测定地质样品中微量铁的分析方法。

二、实验原理

用盐酸羟胺还原铁（Ⅲ）为铁（Ⅱ），在 pH 2～9 范围内，Fe^{2+} 与邻二氮菲生成红色配合物，以此进行光度法测定。

三、仪器与试剂

1. 仪器：紫外-可见分光光度计（T6 新世纪型，北京普析通用公司）。

2. 试剂与溶液

（1）盐酸羟胺溶液 $[\rho(NH_2OH \cdot HCl) = 50g \cdot L^{-1}]$。

（2）酒石酸溶液 $[\rho(tart) = 50g \cdot L^{-1}]$。

（3）邻二氮菲溶液 $[\rho(phen) = 5g \cdot L^{-1}]$：取 0.5g 邻二氮菲溶于 100mL （1＋1）乙醇中。

（4）三氧化二铁标准溶液 $[\rho(Fe_2O_3) = 1mg \cdot mL^{-1}]$：称取 0.6994g 高纯铁丝，溶解于 10mL 盐酸中，移入 1000mL 容量瓶中，用水稀释至刻度，摇匀。

取上述铁标准溶液 2.00mL 置于 100mL 容量瓶中，用水稀释至刻度，摇匀。此溶液 $\rho(Fe_2O_3) = 20\mu g \cdot mL^{-1}$。

（5）乙酸钠溶液 $[\rho(NaAc) = 250g \cdot L^{-1}]$。

四、实验步骤

1. 工作曲线的制作

分取 0.00、0.50mL、1.00mL、2.00mL、3.00mL、4.00mL、5.00mL $\rho(Fe_2O_3) = 20\mu g \cdot mL^{-1}$ 的 Fe_2O_3 标准溶液分别置于 100mL 容量瓶中，加水至近 50mL，加 5mL $50g \cdot L^{-1}$ 盐酸羟胺溶液，摇匀。放置片刻，加 2mL $50g \cdot L^{-1}$ 酒石酸溶液、5mL $5g \cdot L^{-1}$ 邻二氮菲溶液和 20mL $250g \cdot L^{-1}$ 的乙酸钠溶液，用水稀释至刻度，摇匀，以试剂空白为参比，在分光光度计 510nm 波长处测量吸光度。

2. 样品测定

分取测定二氧化硅滤液 5～10mL，加水至近 50mL，其余操作同工作曲线的制作。

五、数据处理

1. 以铁标准系列浓度为横坐标，吸光度为纵坐标，绘制工作曲线。

2. 按下列公式计算铁含量 $w(Fe_2O_3)$。

$$w(Fe_2O_3) = \frac{(m_1 - m_0)V \times 10^{-6}}{mV_1} \tag{3.9}$$

式中，m_1 为从工作曲线上查得试样溶液中 Fe_2O_3 的质量，μg；m_0 为从工作曲线上查得试样空白溶液中 Fe_2O_3 的质量，μg；V 为试样溶液总体积，mL；V_1 为分取试样溶液的体积，mL；m 为称取试样的质量，g。

注：此方法测得的是样品中全铁的含量。

六、思考题

本实验中加入的各种试剂均起什么作用，加入试剂的顺序是否可以颠倒？

实验 19　EDTA 配位滴定法测定硅酸盐中氧化钙和氧化镁

一、实验目的

1. 了解 EDTA 配位滴定法测定氧化钙和氧化镁的原理和方法；
2. 掌握 EDTA 配位滴定法测定地质样品中氧化钙和氧化镁的分析方法。

二、实验原理

用六亚甲基四胺-铜试剂沉淀分离法分离干扰元素后，取一份溶液，将 pH 调节为 12.5，以酸性铬蓝 K-萘酚绿 B 为混合指示剂，用 EDTA 标准溶液滴定钙。滴定前加入糊精溶液抑制氢氧化镁沉淀对钙离子和指示剂的吸附；另取一份溶液，调节 pH 为 10，用 EDTA 标准溶液滴定钙、镁含量，减去钙量即得镁量。

三、试剂与溶液

1. 六亚甲基四胺。
2. 铜试剂溶液 $[\rho(DDTC)=20g \cdot L^{-1}]$。
3. 氯化铵-氨水缓冲溶液（pH=10）：称取 67.5g 氯化铵溶于 200mL 水中，加入氨水 570mL，用水稀至 1000mL。
4. 氢氧化钾溶液 $[\rho(KOH)=200g \cdot L^{-1}]$。
5. 酸性铬蓝 K-萘酚绿 B 为混合指示剂：将 0.2g 酸性铬蓝 K 与 0.34g 萘酚绿 B 溶于 100mL 水中（根据试剂质量，以实验确定混合比例）。
6. 钙标准溶液 $[\rho(CaO)=0.5mg \cdot mL^{-1}]$：称取 0.8924g 预先在 120℃ 干燥 2h 的高纯碳酸钙（$CaCO_3$），置于 400mL 烧杯中。加 10mL 水，盖上表面皿，从烧杯嘴慢慢加入 30mL（1+1）盐酸。溶解完后，加热煮沸除尽二氧化碳，取下冷却，移入 1000mL 容量瓶中，用水稀释至刻度，摇匀。
7. EDTA 滴定液 $[c(EDTA)=0.01mol \cdot L^{-1}]$：称取 3.72g EDTA 二钠盐，加水 300～400mL 和 4mol·L⁻¹ 氢氧化钠溶液 25mL，加热溶液，然后调节 pH 为 7～8。冷却，移入 1000mL 容量瓶中，用水稀释至刻度，摇匀。

EDTA 滴定液的标定：吸取 20.00mL 氧化钙标准溶液，于 250mL 烧杯。用水稀释至 100mL，加入 1 滴 $0.5g \cdot L^{-1}$ 甲基红指示剂，用 $200g \cdot L^{-1}$ 氢氧化钾中和至黄色并过量 5mL。加入酸性铬蓝 K-萘酚绿 B 指示剂 5 滴，用 EDTA 滴定液滴定至溶液由红色变为蓝色，即为终点。按下式计算 EDTA 溶液的浓度：

$$c(EDTA) = \frac{20.00 \times 0.5000}{56.08V} \ (mol \cdot L^{-1}) \tag{3.10}$$

式中，V 为 EDTA 滴定液消耗的体积，mL。

8. 甲基红指示剂（MR）：$\rho(MR)=0.5g \cdot L^{-1}$ 的乙醇溶液。

四、实验步骤

吸取分离二氧化硅后的滤液 100mL，置于 250mL 烧杯中，在电热板上加热蒸发至湿盐状。取下冷却后，加入固体六亚甲基四胺 2～3g，搅匀，加入 10～20mL 20g・L^{-1}铜试剂，搅拌，加水至体积约为 30mL，使可溶性盐溶解，将沉淀连同溶液一同移入 100mL 容量瓶中，用水稀释至刻度，摇匀，供测定钙、镁用。

1. 氧化钙的测定

吸取干过滤的上述溶液 25.00mL，置于 250mL 烧杯中，用水稀至 100mL。加入 1 滴甲基红指示剂，用 200g・L^{-1}氢氧化钾中和至黄色出现并过量 5mL，加入 5 滴酸性铬蓝 K-萘酚绿 B 混合指示剂，立即用 EDTA 滴定液滴定至溶液由红色变为蓝色，即为终点。记录 EDTA 消耗体积 V_1。

2. 氧化镁的测定

吸取干过滤的上述溶液 25.00mL，置于 250mL 烧杯中。加入 10mL pH＝10 的氯化铵-氨水缓冲溶液，加入 5 滴酸性铬蓝 K-萘酚绿 B 混合指示剂，立即用 EDTA 滴定液滴定至溶液由红色变为纯蓝色，即为终点，记录 EDTA 滴定液消耗的体积 V_2，V_2 为 EDTA 滴定钙、镁的含量所消耗的体积。

五、数据处理

$$w(CaO) = \frac{c_{EDTA}V_1 \times 0.05608}{m \times \dfrac{V}{V_0}} \tag{3.11}$$

式中，c_{EDTA} 为 EDTA 滴定液浓度，mol・L^{-1}；V_1 为滴定氧化钙时消耗 EDTA 的体积，mL；V 为分取试液的体积，mL；V_0 为滤液总体积，mL；m 为试样质量，g。

$$w(MgO) = \frac{c_{EDTA}(V_2 - V_1) \times 0.04030}{m \times \dfrac{V}{V_0}} \tag{3.12}$$

式中，c_{EDTA} 为 EDTA 滴定液浓度，mol・L^{-1}；V_2 为 EDTA 滴定钙、镁合量所消耗的体积，mL；V_1 为 EDTA 滴定钙所消耗的体积，mL；V_0 为滤液总体积，mL；V 为分取试液的体积，mL；m 为试样质量，g。

六、思考题

用 EDTA 测定过程中，哪些离子的存在会有干扰？如何消除？

实验 20　火焰原子吸收分光光度法测定硅酸盐中微量钙和镁

一、实验目的

1. 了解地质样品中微量钙和镁的测定方法；
2. 掌握火焰原子吸收光谱法测定地质样品中微量钙和镁的分析方法。

二、实验原理

分离二氧化硅后的滤液，制成 2% 的盐酸溶液，加锶盐作释放剂消除干扰，于原子吸收分光光度计上，以塞曼效应校正法或连续光谱灯背景校正法校正背景。在空气-乙炔火焰中测定钙在 422.7nm 的吸光度和镁在 285.2nn 的吸光度。

三、仪器与试剂

1. 仪器：TAS-990F 型原子吸收分光光度计（北京普析通用公司）。灯电流 2.0mA，光谱通带 0.4nm，观察高度 10mm，空气流量 6.5L·min^{-1}，乙炔流量 1.0L·min^{-1}。

2. 试剂与溶液

(1) 盐酸溶液（1+1）。

(2) 氯化锶溶液 $[\rho(SrCl_2)=50mg·mL^{-1}]$：152g 氯化锶（$SrCl_2·6H_2O$）溶解在水中，再加水至 1000mL，摇匀。

(3) 钙标准储备溶液 $[\rho(CaO)=0.5mg·mL^{-1}]$：称取 0.8924g 预先在 120℃ 干燥 2h 的高纯碳酸钙（$CaCO_3$），置于 400mL 烧杯中。加 10mL 水，盖上表面皿，从烧杯嘴慢慢加入 30mL（1+1）盐酸。溶解完全后，加热煮沸除尽二氧化碳，取下冷却，移入 1000mL 容量瓶中，用水稀释至刻度，摇匀。

移取 10.00mL 上述氧化钙标准储备溶液，置于 100mL 容量瓶中，用水稀释至刻度，摇匀。此溶液 $\rho(CaO)=50\mu g·mL^{-1}$。

(4) 镁标准储备溶液 $[\rho(MgO)=0.5mg·mL^{-1}]$：称取 0.5000g 预先经 1000℃ 灼烧 2h 的高纯氧化镁（MgO），置于 200mL 烧杯中。加 10～20mL 水，小心加入 30mL（1+1）盐酸。溶解完全后，冷却，移入 1000mL 容量瓶中，用水稀释至刻度，摇匀。

移取 10.00mL 上述氧化镁标准储备溶液，置于 250mL 容量瓶中，用水稀释至刻度，摇匀。此溶液 $\rho(MgO)=20\mu g·mL^{-1}$。

四、实验步骤

1. 钙、镁标准系列的配制

分取 0.00、2.00mL、4.00mL、6.00mL、8.00mL、10.00mL $\rho(Ca)=100\mu g·mL^{-1}$ 的钙和 $\rho(Mg)=10\mu g·mL^{-1}$ 的镁标准溶液于一系列 25mL 比色管中。加水至 10～15mL，加 1mL（1+1）盐酸，加 1mL 氯化锶溶液，用水稀释至刻度，摇匀。

(1) 钙工作曲线的制作：在原子吸收分光光度计上，调节波长为 422.7nm，光谱带宽 0.4nm，空气-乙炔火焰，用水调零，测量钙标准系列的吸光度。

(2) 镁工作曲线的制作：调节原子吸收分光光度计波长为 285.2nm，光谱带宽 0.4nm，采用空气-乙炔火焰，用水调零，测量镁标准系列的吸光度。

2. 样品的测定

吸取分离二氧化硅后的滤液 1～20mL，置于 25mL 比色管中，补加 $\varphi(HCl)=2\%$ 盐酸 1mL。加 1mL 氯化锶溶液，用水稀释至刻度，摇匀。其余操作同工作曲线的制作。

五、数据处理

1. 分别以钙、镁标准系列浓度为横坐标，吸光度为纵坐标，绘制工作曲线；

2. 根据测定的镁和钙的吸光度，计算其相应的浓度，并计算出样品中 CaO 与 MgO 的浓度。

六、思考题

该法测定氧化钙和氧化镁时，加入氯化锶的作用是什么？

实验 21　磷钒钼黄分光光度法测定地质样品中磷

一、实验目的

1. 了解磷钒钼黄光度法测定总磷的原理；
2. 掌握磷钒钼黄光度法测定地质样品中总磷的分析方法。

二、实验原理

在 $\varphi(HNO_3)=5\%\sim8\%$ 的硝酸溶液中，正磷酸盐与钒酸铵、钼酸铵生成可溶性的磷钒钼黄色杂多酸，借此进行光度法测定。

三、试剂与溶液

1. 硝酸：加热至沸除去黄色的氧化氮，冷却后使用（简称无色硝酸）。
2. 钒钼酸铵显色剂：称取偏钒酸铵 1.35g 和钼酸铵 45g，置于 1000mL 烧杯中，用 500mL 热水（50～60℃）溶解，冷却后加入 120mL 无色硝酸，然后用水稀释至 1000mL，搅匀，过滤后储存于棕色瓶中。
3. 磷标准溶液 $[\rho(P_2O_5)=0.5mg\cdot mL^{-1}]$：称取 0.9586g 预先经 110℃烘干 2h 的高纯磷酸二氢钾（KH_2PO_4），置于 250mL 烧杯中。加水溶解后，移入 1000mL 容量瓶中，用水稀释至刻度，摇匀。
吸取上述溶液 10.00mL，置于 100mL 容量瓶中，用水稀释至刻度，摇匀。此溶液 $\rho(P_2O_5)=50\mu g\cdot mL^{-1}$。

四、实验步骤

1. 工作曲线的制作

分取 0.00、2.00mL、4.00mL、6.00mL、8.00mL、10.00mL $\rho(P_2O_5)=50\mu g\cdot mL^{-1}$ 的磷标准溶液，分别置于 50mL 比色管中，加入无色硝酸 2.5mL，用水稀释至约 30mL，加入 10mL 钒钼酸铵显色剂，用水稀释至刻度，混匀。放置 30min 后，在分光光度计 420nm 波长处，以试剂空白为参比测量吸光度。

2. 样品测定

吸取分离二氧化硅后的滤液 20～50mL，置于 150mL 烧杯中。加入硝酸 5～10mL，于电热板上加热蒸发至干，再加 3～5mL 硝酸，蒸发至干，赶净氯离子。加入 2.5mL 无色硝酸，其余操作同工作曲线的制作。

五、数据处理

1. 以磷标准系列浓度为横坐标，吸光度为纵坐标，绘制工作曲线。
2. 按下列公式计算磷含量 $w(P_2O_5)$。

$$w(P_2O_5)=\frac{(m_1-m_0)V\times10^{-6}}{mV_1} \tag{3.13}$$

式中，m_1 为从工作曲线上查得试样溶液中 P_2O_5 的质量，μg；m_0 为从工作曲线上查得

试样空白溶液中 P_2O_5 的质量，μg；V 为试样溶液总体积，mL；V_1 为分取试样溶液的体积，mL；m 为称取试样的质量，g。

六、思考题

1. 简述使用钒钼酸铵测定五氧化二磷的原理。
2. 试分析使用分光光度计测量吸光度的影响因素。

实验 22   高碘酸钾分光光度法测定硅酸盐中微量锰

一、实验目的

1. 了解高碘酸钾法测锰的基本原理；
2. 掌握分光光度法测定地质样品中微量锰的分析方法。

二、实验原理

在硫酸介质中，用高碘酸钾将锰（Ⅱ）氧化成紫红色的高锰酸根离子，借此进行光度法测定。其反应式如下：

$$2Mn^{2+} + 5IO_4^- + 3H_2O \longrightarrow 2MnO_4^- + 5IO_3^- + 6H^+$$

显色酸度与锰的含量有关。氯离子、铁离子有干扰。

三、仪器与试剂

1. 仪器：紫外-可见分光光度计（T6 新世纪型，北京普析通用公司）。
2. 试剂与溶液
(1) 高碘酸钾（分析纯）。
(2) 硫酸溶液：H_2SO_4（1+1）；$\varphi(H_2SO_4) = 5\%$。
(3) 磷酸溶液：H_3PO_4（1+1）。
(4) 锰标准储备溶液 [$\rho(MnO) = 1mg \cdot mL^{-1}$]：称取 0.7745g 预先经 $\varphi(H_2SO_4) = 5\%$ 的硫酸溶液处理，再用乙醇洗净、风干的高纯金属锰，置于烧杯中。加 100mL $\varphi(H_2SO_4) = 5\%$ 的硫酸溶液，加热溶解。冷却，移入 1000mL 容量瓶中，用水稀释至刻度，摇匀。

分取上述锰标准溶液 25.00mL，置于 250mL 容量瓶中，用水稀释至刻度，摇匀。此溶液 $\rho(MnO) = 100\mu g \cdot mL^{-1}$。

分取 20.00mL $\rho(MnO) = 100\mu g \cdot mL^{-1}$ 的锰标准溶液，置于 100mL 容量瓶中，用水稀释至刻度，摇匀。此溶液 $\rho(MnO) = 20\mu g \cdot mL^{-1}$。

四、实验步骤

1. 工作曲线的制作

分取 0.00、1.00mL、2.00mL、3.00mL、4.00mL、5.00mL $\rho(P_2O_5) = 20\mu g \cdot mL^{-1}$ 的锰标准溶液或 0.00、0.50mL、1.00mL、2.00mL、3.00mL、4.00mL $\rho(P_2O_5) = 100\mu g \cdot mL^{-1}$ 的锰标准溶液，分别置于 100mL 烧杯中，加入 5mL（1+1）硫酸及

5mL（1+1）磷酸，加水 30mL，加入高碘酸钾 0.3g，盖上表面皿，沸水浴加热至紫红色出现后再保持 20min。取下冷却，移入 50mL 容量瓶中，用水稀释至到度，摇匀。在分光光度计上，于 525nm 波长处，以试剂空白为参比测量其吸光度。

　　2. 样品测定

　　分取 10～50mL 测定二氧化硅的滤液，置于 100mL 烧杯中，加入 2mL 硝酸和 2mL（1+1）硫酸，加热至冒浓白烟。取下冷却，用水冲洗烧杯壁，再蒸发至冒浓白烟，取下冷却。其余操作同工作曲线的制作。

五、数据处理

　　1. 以锰标准系列为横坐标，吸光度为纵坐标，绘制工作曲线。

　　2. 按下列公式计算锰含量 $w(MnO)$。

$$w(MnO) = \frac{(m_1 - m_0)V \times 10^{-6}}{mV_1} \qquad (3.14)$$

　　式中，m_1 为从工作曲线上查得试样溶液中 MnO 的质量，μg；m_0 为从工作曲线上查得试样空白溶液中 MnO 的质量，μg；V 为试样溶液总体积，mL；V_1 为分取试样溶液的体积，mL；m 为称取试样的质量，g。

六、思考题

　　1. 解释实验过程中所加硝酸、硫酸和磷酸的作用。

　　2. 为什么磷酸可以消除 Fe^{3+} 颜色对测定的影响？

实验 23　重铬酸钾滴定法测定地质样品中氧化亚铁

一、实验目的

　　1. 了解地质样品酸溶消解方法和步骤；

　　2. 掌握重铬酸钾滴定法测定地质样品中氧化亚铁的分析方法。

二、实验原理

　　试样用氢氟酸-硫酸分解，用硼酸与试液中剩余的氟离子发生络合反应。在硫酸-磷酸介质中，以二苯胺磺酸钠为指示剂，用重铬酸钾滴定法测定溶液中亚铁的含量。

三、试剂与溶液

　　1. 硫酸（1+1）。

　　2. 硫酸-磷酸混合酸：$H_2SO_4 + H_3PO_4 + H_2O$（1.5+1.5+7）。

　　3. 重铬酸钾标准溶液：称取 0.6825g 已在 150℃ 干燥 2h 的重铬酸钾于 250mL 烧杯中，用水溶解后，移入 1000mL 容量瓶中，用水稀释至刻度，摇匀。此滴定溶液滴定度 $T(FeO/K_2Cr_2O_7) = 1mg \cdot mL^{-1}$。

　　4. 饱和硼酸溶液。

　　5. 二苯胺磺酸钠指示剂 $[\rho(DPAS) = 5g \cdot L^{-1}]$：取 0.5g 二苯胺磺酸钠溶解于 100mL

水中，加 1～2 滴（1＋1）硫酸，摇匀。

四、实验步骤

称取 0.1000～0.5000g 样品，置于铂坩埚中，加 2～3 滴水润湿，加入 5mL 氢氟酸和 10mL 近沸的（1＋1）硫酸，放在电炉上（上铺石棉板），加热煮沸 10min。取下，立即将坩埚内盛物转入预先盛有 150mL 左右新煮沸冷却的水和 25mL 饱和硼酸的烧杯中，加入 10mL 硫酸-磷酸混合酸、2 滴二苯胺磺酸钠，用重铬酸钾标准溶液滴定至紫色，即为终点。记录重铬酸钾标准溶液消耗的体积。

五、数据处理

按以下公式计算样品中 FeO 的含量。

$$w(\text{FeO}) = \frac{(V - V_0)T}{m} \tag{3.15}$$

式中，V 为滴定试样溶液消耗的重铬酸钾标准溶液的体积，mL；V_0 为滴定试样空白溶液消耗的标准重铬酸钾溶液的体积，mL；T 为重铬酸钾标准溶液对 FeO 的滴定度，$\text{mg} \cdot \text{mL}^{-1}$；$m$ 为试样质量，g。

六、思考题

固体样品消解方法有哪些？分别适用于消解什么类型的样品？

实验 24　磷钼蓝分光光度法测定地质样品中磷

一、实验目的

1. 了解磷钼蓝光度法测定总磷的原理；
2. 掌握磷钼蓝光度法测定地质样品中总磷的分析方法。

二、实验原理

在 1.4～1.8$\text{mol} \cdot \text{L}^{-1}$盐酸介质中，有酒石酸钾钠存在下，以乙醇为稳定剂，加入钼酸铵使磷酸根离子生成磷钼杂多酸，再用抗坏血酸将磷钼杂多酸还原为磷钼蓝。在分光光度计 700nm 波长处测量吸光度。

三、仪器与试剂

1. 硫酸（1＋1）。
2. 盐酸（1＋1）。
3. 钼酸铵溶液 $\{\rho[(\text{NH}_4)_2\text{MoO}_4] = 50\text{g} \cdot \text{L}^{-1}\}$。取 5g 钼酸铵溶于水中，过滤，用水稀释至 100mL。
4. 酒石酸钾钠溶液（$\rho = 400\text{g} \cdot \text{L}^{-1}$）：取 40g 酒石酸钾钠溶解于水中，过滤，加水至 100mL。
5. 抗坏血酸溶液 $[\rho(\text{VC}) = 50\text{g} \cdot \text{L}^{-1}]$。

6. 磷标准溶液 $[\rho(P_2O_5)=100\mu g \cdot mL^{-1}]$：称取 0.1917g 预先经 105℃干燥 2h 的高纯磷酸二氢钾（KH_2PO_4），置于 250mL 烧杯中，加水溶解后，移入 1000mL 容量瓶中，用水稀释至刻度，摇匀。

移取 20.00mL 上述磷溶液，置于 200mL 容量瓶中，用水稀释至刻度，摇匀。此溶液 $\rho(P_2O_5)=10\mu g \cdot mL^{-1}$。

四、实验步骤

1. 工作曲线的制作

分取 $\rho(P_2O_5)=10\mu g \cdot mL^{-1}$ 的五氧化二磷的标准溶液 0.00、0.50mL、1.00mL、2.00mL、3.00mL、4.00mL、5.00mL、7.50mL、10.00mL，分别置于 100mL 容量瓶中，加 15mL（1+1）盐酸、2mL 400g·L^{-1} 的酒石酸钾钠溶液、10mL 50g·L^{-1} 的钼酸铵液、10mL 乙醇，每加一种试剂都需摇匀，控制体积为 60mL 左右，放沸水浴上加热 5min。取下，立即加入 10mL 50g·L^{-1} 的抗坏血酸溶液，摇匀。放置 5～10min 后，放入冷水中冷却，用水稀释至到度，摇匀。在分光光度计 700nm 波长处，以试剂空白为参比，测量吸光度。

2. 样品测定

称取 0.2000g 试样置于铂坩埚中，以几滴水润湿，加入 1mL（1+1）硫酸、10mL 氢氟酸。置于电热板上低温加热分解，并蒸发至冒烟。取下，冷却，用水冲洗坩埚内壁，再低温加热至硫酸冒尽。取下，加 2mL（1+1）的盐酸及 5～10mL 水，加热提取，移入 50mL 容量瓶中。用水稀释至刻度，摇匀，放置澄清。

分取 5～20mL 清液，置于 100mL 容量瓶中，其余操作同工作曲线的制作。

五、数据处理

1. 以磷标准系列浓度为横坐标，吸光度为纵坐标，绘制工作曲线；
2. 按下列公式计算磷含量 $w(P_2O_5)$。

$$w(P_2O_5)=\frac{(m_1-m_0)V \times 10^{-6}}{mV_1} \tag{3.16}$$

式中，m_1 为从工作曲线上查得试样溶液中 P_2O_5 的质量，μg；m_0 为从工作曲线上查得试样空白溶液中 P_2O_5 的质量，μg；V 为试样溶液总体积，mL；V_1 为分取试样溶液的体积，mL；m 为称取试样的质量，g。

六、思考题

1. 为什么试剂放置后还要放在冷水中冷却？
2. 简述与实验 21 磷钒钼黄测磷相比，磷钼蓝测定的优缺点。

实验 25　氢化物发生-原子荧光光谱法测定矿石中锑的含量

一、实验目的

1. 学习矿石样品的溶解方法；
2. 了解原子荧光光谱法测定矿石样品中锑的原理及方法。

二、方法原理

试样经经王水沸水浴分解，加硫脲-碘化钾或硫脲-抗坏血酸溶液，使锑还原成三价。在酸性介质中硼氢化钠将锑转化为氢化物，用氩气作载气，锑空心阴极灯为激发光源，使其发出荧光，进行测定。

三、仪器与试剂

1. 仪器：氢化物发生-原子荧光光谱仪（PF6 型，北京普析通用仪器公司），锑高强度空心阴极灯。仪器工作参数见表 3.1。

表 3.1　仪器工作参数

负高压	灯电流	辅助灯电流	原子化器高度	载气流量	屏蔽气流量	读数方式	测量方法
280V	60mA	30mA	7mm	$600mL \cdot min^{-1}$	$400mL \cdot min^{-1}$	峰面积	标准曲线法

2. 试剂与溶液

（1）锑标准溶液 $[\rho(Sb) = 100\mu g \cdot mL^{-1}]$：称取 0.1000g 高纯金属锑，溶解于 $5\sim10mL$ （1+1） H_2SO_4 中，用 （1+1） HCl 移入 1000mL 容量瓶中，并稀释至刻度，摇匀。

取 1.00mL 上述溶液于 100mL 容量瓶中，用 （1+1） HCl 稀释至刻度，摇匀。此时锑标准溶液 $\rho(Sb) = 1.0\mu g \cdot mL^{-1}$。

（2）混合溶液：硫脲和抗坏血酸各为 $25g \cdot L^{-1}$ 的水溶液。

（3）硼氢化钠溶液 $[\rho(NaBH_4) = 15g \cdot L^{-1}]$：称取 5g 氢氧化钠溶于 200mL 蒸馏水，加入 15g 硼氢化钠并使其溶解，用蒸馏水稀至 1000mL，摇匀。

（4）铁盐溶液 $[\rho(Fe^{3+}) = 1mg \cdot mL^{-1}]$：称取 2.436g $FeCl_3 \cdot 6H_2O$，加入 200mL HCl 溶解后，用水稀释至 500mL，摇匀。

（5）王水 （1+1）：取 75mL HCl 和 25mL HNO_3，混合后加入 100mL 水，混匀，现用现配。

四、分析步骤

1. 工作曲线的制作

分别移取 0.00、1.00mL、2.00mL、3.00mL、4.00mL、5.00mL $\rho(Sb) = 1\mu g \cdot mL^{-1}$ 的锑标准溶液，置于 50mL 的比色管中，加 7mL HCl 和 10mL 铁盐溶液，摇匀。加 25mL 混合溶液，用水稀释至刻度，摇匀，放置 30min。按选定的仪器工作条件测定荧光强度，以浓度为横坐标，荧光强度为纵坐标，绘制工作曲线。

2. 样品测定

分别称取 0.25～0.50g 试样两份，置于 25mL 的比色管中，加入 10mL 新配的 （1+1） 王水，摇动比色管后置于沸水浴中加热 1h，其间摇匀一次，取下冷却，用水稀释至刻度，摇匀，放置澄清。

吸取上述清液 2.5mL 置于 25mL 比色管中，准确加入 2.50mL 铁盐溶液及 5mL 混合溶液，摇匀，放置 30min。样品空白同样品处理步骤。随后操作同标准曲线的制作。

五、分析结果的计算

按下式计算样品中锑的含量：

$$w(\mathrm{Sb}) = \frac{(c_1 - c_0)V_2 V}{m V_1} \tag{3.17}$$

式中，$w(\mathrm{Sb})$ 为 Sb 的质量分数，$\mu g \cdot g^{-1}$；c_1 为测定试样溶液中锑的质量浓度，$\mu g \cdot mL^{-1}$；c_0 为样品空白的浓度，$\mu g \cdot mL^{-1}$；V 为试样测定溶液总体积，mL；V_1 为分取试样溶液体积，mL；V_2 为测定溶液的体积，mL；m 为称取试样的质量，g。

六、思考题

1. 简述影响原子荧光测定矿石样品中锑含量的干扰因素。
2. 为什么 $15 g \cdot L^{-1}$ 硼氢化钠要现配现用？溶液中加入少量氢氧化钠的作用是什么？

实验 26　氢化物发生-原子荧光光谱法测定土壤样品中总砷含量

一、实验目的

1. 了解土壤样品的消解方法；
2. 掌握原子荧光光谱分析测定土壤样品中总砷含量的方法。

二、方法原理

试样经王水沸水浴分解，加硫脲和（1+1）盐酸使砷还原成三价。在酸性介质中硼氢化钠将砷转化为氢化物，用氩气作载气，将氢化砷导入原子荧光光谱仪测定荧光信号。

三、仪器与试剂

1. 仪器：氢化物发生-原子荧光光谱仪（PF6 型，北京普析通用仪器公司），砷高强度空心阴极灯。仪器工作参数见表 3.2。

表 3.2　仪器工作参数

负高压	灯电流	辅助灯电流	原子化器高度	载气流量	屏蔽气流量	读数方式	测量方法
280V	60mA	20mA	7mm	600mL · min⁻¹	400mL · min⁻¹	峰面积	标准曲线法

2. 试剂与溶液

（1）砷标准储备溶液 $[\rho(\mathrm{As}) = 1000 \mu g \cdot mL^{-1}]$：称取 0.6602g 三氧化二砷（105℃干燥 2h，并置于干燥器中冷却至室温），置于 200mL 烧杯中，加 10mL $40 g \cdot L^{-1}$ NaOH 溶液，温热使之溶解，加 10mL（1+1）HCl，冷却至室温，移入 500mL 容量瓶中，用水稀释至刻度，摇匀。

（2）砷标准工作溶液 $[\rho(\mathrm{As}) = 1 \mu g \cdot mL^{-1}]$：由砷标准储备液 $1000 \mu g \cdot mL^{-1}$ 用水逐级稀释得到。

（3）硫脲溶液（$100 g \cdot L^{-1}$）。称取硫脲 10g，加入 80mL 去离子水，水浴加热溶解，超纯水稀至 100mL，摇匀。

（4）硼氢化钠-氢氧化钠溶液（15g·L^{-1}）。称取 5g 氢氧化钠溶于 200mL 去离子水，加入 15g 硼氢化钠并使其溶解，用超纯水稀至 1000mL，摇匀。

（5）（1+1）盐酸。

（6）（1+1）王水。

四、分析步骤

1. 标准曲线的制作

分别移取 0.00、1.00mL、2.00mL、3.00mL、4.00mL、5.00mL 砷工作溶液（1μg·mL^{-1}），加入 4mL（1+1）HCl 和 10mL 硫脲溶液，用去离子水定容至 100mL，摇匀，静置 30min。按选定的仪器工作条件测定荧光强度，以浓度为横坐标，荧光强度为纵坐标，绘制工作曲线。

2. 样品测定

分别称取 0.1000～0.5000g 干燥的土壤样品于 25mL 比色管中，加 10mL 新配制的（1+1）王水，摇动比色管使试样分散开，置于沸水浴中加热分解 1h，其间摇动两次，取下，冷却至室温，用酒石酸溶液稀释至刻度，摇匀。静置，取上清液测试。样品空白操作同上。随后操作同标准曲线的制作。

五、分析结果的计算

计算机拟合出 I_{F}-c 标准曲线，并求出试液中 As 的浓度，根据下式计算土壤中砷的含量。

$$w(\text{As}) = \frac{(c_1 - c_0)V}{m} \tag{3.18}$$

式中，$w(\text{As})$ 为 As 的质量分数，μg·g^{-1}；c_1 为测定试样溶液中锑的质量浓度，μg·mL^{-1}；c_0 为样品空白的浓度，μg·mL^{-1}；V 为试样测定溶液总体积，mL；m 为称取试样的质量，g。

六、思考题

1. 水浴消解土壤样品时需要注意什么？
2. 氢化物发生-原子荧光光谱法测定总砷时需要注意哪些问题？

实验 27　石墨炉原子吸收光谱法测定岩石样品中痕量铅

一、实验目的

1. 了解矿石样品的溶解方法；
2. 掌握石墨炉原子吸收光谱法分析测定土壤样品中铅含量的分析方法。

二、方法原理

试样经氢氟酸、高氯酸、盐酸、硝酸分解，在稀硝酸 $[\varphi(\text{HNO}_3)=2\%]$ 介质中，于石墨炉原子吸收光谱仪上测定铅的吸光度。本法适用于痕量铅的测定。

三、仪器与试剂

1. 仪器：石墨炉子原子吸收分光光度计（TAS-990G 型，北京普析通用仪器公司），铅空心阴极灯。工作参数为：分析线 283.3nm，灯电流 2.0mA，光谱通带 0.4nm，氩气流量 200mL·min^{-1}，进样体积 20μL。石墨炉升温程序见表 3.3。

表 3.3　石墨炉升温程序

步骤	温度/℃	升温时间/s	保持时间/s	氩气流量/mL·min^{-1}
干燥	105	20	30	200
灰化	400	15	20	200
原子化	1800	0	3	0
除残	2200	0	2	200

2. 试剂与溶液

(1) 盐酸。

(2) 硝酸，稀硝酸溶液 [$\varphi(HNO_3)=2\%$]。

(3) 氢氟酸。

(4) 高氯酸。

(5) 铅标准溶液 [$\rho(Pb)=100\mu g·L^{-1}$]。称取 0.1000g 金属铅（99.99%）置于 250mL 烧杯中，盖上表面皿。沿杯壁加入 20mL（1+1）HNO$_3$，加热至完全溶解。冷却至室温，用水冲洗表面皿，移入 1000mL 容量瓶中，用水稀释至刻度，摇匀，此时 $\rho(Pb)=$ 0.10mg·mL^{-1}。移取上述溶液用稀硝酸溶液 [$\varphi(HNO_3)=2\%$] 逐级稀释至 $\rho(Pb)=$ 100μg·L^{-1}。

四、分析步骤

1. 工作曲线的制作

分别移取 0.00、1.00mL、2.00mL、4.00mL、8.00mL、10.00mL $\rho(Pb)=100\mu g·L^{-1}$ 的铅标准溶液于 100mL 容量瓶中，用稀硝酸溶液 [$\varphi(HNO_3)=2\%$] 稀释到刻度，摇匀。打开石墨炉原子吸收光谱仪，设定仪器参数，测定铅的吸光度，以浓度为横坐标，吸光度为纵坐标，绘制工作曲线。

2. 样品的测定

称取 0.1~0.5g（精确至 0.0001g）试样置于聚四氟乙烯罐中，用水润湿，加入 2mL HClO$_4$、10mL HCl、5mL HNO$_3$，于电热板上加热至高氯酸白烟冒尽。加入 2mL（1+1）HNO$_3$ 使可溶盐类溶解，移入 25mL 容量瓶中，用水稀释至刻度，摇匀，待测。样品空白同样品，随后操作同工作曲线的制作。

五、分析结果的计算

根据工作曲线计算样品中铅的浓度，进而计算出铅含量。

六、思考题

1. 在样品消解过程中，需要注意哪些问题？

2. 采用石墨炉原子吸收光谱法测定铅有哪些优点？

实验 28　石墨炉原子吸收光谱法测定煤样中铜的含量

一、实验目的

1. 了解测定煤样中金属元素的消解方法；
2. 掌握石墨炉原子吸收光谱法测定煤样中铜的定量分析方法。

二、实验原理

试样经灼烧去除含碳物质，再经盐酸、硝酸、氢氟酸、高氯酸分解，制成 $[\varphi(HNO_3)=1\%]$ 的硝酸介质溶液；不加基体改进剂，以铜空心阴极灯为光源，辐射出铜元素的特征谱线，通过石墨炉中试样蒸气时，被蒸气中铜的基态原子所吸收，由辐射光强度减弱的程度获得试样中铜的含量。

石墨炉原子吸收光谱法具有试样用量小的特点，方法的绝对灵敏度较火焰法高几个数量级，可达 $10^{-14}g$，并可直接测定固体试样。但仪器较复杂、背景吸收干扰较大。工作步骤可分为干燥、灰化、原子化和除残四个阶段。

三、仪器与试剂

1. 仪器：石墨炉子原子吸收分光光度计（TAS-990G 型，北京普析通用仪器公司），铜空心阴极灯。工作参数为：分析线 324.8nm，灯电流 2.5mA，光谱通带 0.4nm，进样体积 $20\mu L$。石墨炉升温程序见表 3.4。

表 3.4　石墨炉升温程序

步骤	温度/℃	升温时间/s	保持时间/s	氩气流量/mL·min⁻¹
干燥	105	20	30	200
灰化	400	15	20	200
原子化	2400	0	3	0
除残	2500	0	2	200

2. 试剂与溶液
（1）盐酸。
（2）硝酸，硝酸溶液（1+1），稀硝酸溶液 $[\varphi(HNO_3)=1\%]$。
（3）氢氟酸。
（4）高氯酸。
（5）铜标准储备溶液 $[\rho(Cu)=1000\mu g·mL^{-1}]$：称取 0.1000g 金属铜（纯度为 99.95%），置于 100mL 烧杯中，加入 20mL（1+1）HNO_3 微热溶解，移入 100mL 容量瓶中，用水稀释至刻度，摇匀。
（6）铜标准工作溶液 $[\rho(Cu)=20\mu g·L^{-1}]$：移取铜标准储备溶液 1.0mL，用稀硝酸溶液 $[\varphi(HNO_3)=2\%]$ 逐级稀释而成。

四、分析步骤

1. 工作曲线的制作

分别取铜标准溶液 0.00、1.00mL、2.00mL、3.00mL、4.00mL、5.00mL 铜标准溶液（20.0$\mu g \cdot L^{-1}$），于 10mL 的比色管中，用 HNO_3 [$\varphi(HNO_3)=2\%$] 稀释到刻度，摇匀。按仪器的工作条件测定铜的吸光度，以浓度为横坐标，吸光度值为纵坐标，绘制校准曲线。

2. 样品测定

称取 2.0000g（精确至 0.0001g）粒度小于 0.2mm 的空气干燥煤样置于瓷灰皿中，铺平后放入高温炉中，半开炉门，由室温逐渐加热至 500℃ 灼烧至不含碳物为止（至少 4h）。取出冷却，将灰样移入聚四氟乙烯坩埚中，用水润湿，加入 10mL HF 和 4mL $HClO_4$，在电热板上缓缓加热，蒸至近干。取下坩埚，稍冷，用少量水吹洗坩埚壁，再加 10mL HF，继续加热至白烟冒尽。取下坩埚，稍冷，加入 10mL（1+1）HNO_3 和 10mL H_2O，置于电热板上加热至近沸，并保持 1min。取下坩埚，用热水将溶液移入 100mL 容量瓶中，冷却后，用水稀释至刻度，摇匀，待测。样品空白同上。随后操作同工作曲线的制作。

五、结果与数据处理

根据工作曲线方程得出溶液中 Cu 的浓度，计算样品中铜的含量。

六、思考题

1. 在溶解煤样品前，为什么要先进行灼烧除去含碳物质？
2. 溶解样品时，加入各种酸的目的是什么？

实验 29　ICP-OES 同时测定土壤中 Cu、Pb、Zn 等元素

一、实验目的

1. 了解土壤样品王水溶解方法；
2. 掌握 ICP-OES 测定土壤样品中 Cu、Pb、Zn 的分析方法。

二、方法原理

用王水提取土壤中 Cu、Pb、Zn 等重金属，电感耦合等离子体原子发射法（ICP-OES）同时测定其含量。

三、仪器与试剂

1. 仪器：电感耦合等离子体原子发射光谱仪（Optima 5300 DV 型，美国 Perkin Elmer 公司）。工作参数见表 3.5。

表 3.5　仪器工作参数

射频功率	等离子气流量	辅助气流量	雾化器气流量	试样流量	读数时间
1300W	15L $\cdot$ min^{-1}	0.2L $\cdot$ min^{-1}	0.8L $\cdot$ min^{-1}	1.5mL $\cdot$ min^{-1}	20s

2. 试剂与溶液

（1）盐酸。

（2）硝酸，稀硝酸溶液 $[\varphi(HNO_3)=2\%]$。

（3）王水：取 750mL HCl 与 250mL HNO_3 混合后，搅匀。用时配制。

（4）铜标准储备溶液 $[\rho(Cu)=1000\mu g \cdot mL^{-1}]$：称取 0.1000g 金属铜（纯度为99.95%），置于 100mL 烧杯中，加入 20mL（1+1）HNO_3 微热溶解，移入 100mL 容量瓶中，用水稀释至刻度，摇匀。

（5）铅标准储备溶液 $[\rho(Pb)=1000\mu g \cdot mL^{-1}]$：称取 0.1000g 干燥的高级铅粒，置于100mL 烧杯中，加入 20mL（1+1）HCl，加热溶解后移入 100mL 容量瓶中，用水稀释至刻度，摇匀。

（6）锌标准储备溶液 $[\rho(Zn)=1000\mu g \cdot mL^{-1}]$。称取 0.1000g 金属锌（纯度99.95%），置于 100mL 烧杯中，加入 20mL（1+1）HCl 微热溶解，移入 100mL 容量瓶中，用水稀释至刻度，摇匀。

（7）混合标准工作溶液 $[\rho(Cu, Pb, Zn)=100\mu g \cdot mL^{-1}]$：分别移取 10mL 铜标准溶液、10mL 铅标准溶液、10mL 锌标准溶液于 100mL 容量瓶中，用稀硝酸溶液 $[\varphi(HNO_3)=2\%]$ 定容，摇匀。

四、分析步骤

1. 工作曲线的制作

分别移取 0.00、0.10mL、0.20mL、0.50mL、1.00mL 混合标准溶液于 10mL 比色管中，用稀硝酸溶液 $[\varphi(HNO_3)=2\%]$ 定容。待 ICP-OES 预热完成后，选择 Cu（324.75nm）、Pb（220.35nm）、Zn（213.89nm）进行测定。

2. 样品测定

准确称取 0.2500g 土壤试样于 50mL 烧杯中，用少量水润湿样品后加入王水 10mL，盖上表面皿置于通风橱内电热板上加热，保持王水处于微沸状态 2h，取下表面皿，把表面皿上的液滴用水冲洗至烧杯中，继续加热赶酸至烧杯中只剩下 2～3mL 溶液，待冷却后将溶液转移到 100mL 容量瓶中，用水定容后摇匀静置，分取上清液进行测定。随后操作同工作曲线的制作。

五、分析结果计算

根据工作曲线方程得出溶液中各元素浓度，分别计算样品中各元素的含量。

六、思考题

王水能否使样品完全溶解？为什么？

实验 30 ICP-OES 测定岩石样品中的 Be、Co、Ni 等元素

一、实验目的

1. 了解岩石样品四酸溶样分解方法；

2. 掌握 ICP-OES 测定岩石样品中 Be、Co、Ni 的分析方法。

二、实验原理

岩石样品经盐酸、硝酸、氢氟酸、高氯酸分解，再用硝酸溶解定容后，用电感耦合等离子体发射光谱仪，选择合适的特征谱线同时测定 Be、Co、Ni、Mn 等元素含量。

三、仪器与试剂

1. 仪器：电感耦合等离子体原子发射光谱仪（Optima 5300 DV 型，美国 Perkin Elmer公司）。工作参数见表 3.6。

表 3.6 仪器工作参数

射频功率	等离子气流量	辅助气流量	雾化器气流量	试样流量	读数时间
1300W	$15L \cdot min^{-1}$	$0.2L \cdot min^{-1}$	$0.8L \cdot min^{-1}$	$1.5mL \cdot min^{-1}$	20s

2. 试剂与溶液

（1）高氯酸。

（2）硝酸，HNO_3（1+1），HNO_3 [$\varphi(HNO_3)=2\%$]。

（3）盐酸。

（4）氢氟酸。

（5）铍标准储备溶液 [$\rho(Be)=500\mu g \cdot mL^{-1}$]。称取 0.1388g 已经 1000℃ 灼烧的光谱纯氧化铍，置于 100mL 烧杯中，加入 10mL（1+1）H_2SO_4 微热溶解，移入 100mL 容量瓶中，用水稀释至刻度，摇匀。

（6）钴标准储备溶液 [$\rho(Co)=100\mu g \cdot mL^{-1}$]：称取 0.0100g 金属钴（纯度 99.9%），置于 250mL 烧杯中，加入 20mL（1+1）HNO_3 微热溶解后，移入 100mL 容量瓶中，用水稀释至刻度，摇匀。

（7）镍标准储备溶液 [$\rho(Ni)=1000\mu g \cdot mL^{-1}$]。称取 0.1000g 金属镍（纯度 99.95%），置于 100mL 烧杯中，加入 20mL（1+1）HNO_3 微热溶解，移入 100mL 容量瓶中，用水稀释至刻度，摇匀。

（8）混合标准工作溶液 [$\rho(Be)=2.5\mu g \cdot mL^{-1}$，$\rho(Co)=10\mu g \cdot mL^{-1}$，$\rho(Ni)=20\mu g \cdot mL^{-1}$]：分别移取 5.00mL 铍标准溶液、10.00mL 钴标准溶液、20.00mL 镍标准溶液，置于 100mL 容量瓶中，用稀 HNO_3 [$\varphi(HNO_3)=2\%$] 定容至刻度，摇匀。

四、分析步骤

1. 工作曲线的制作

分别移取 0.00、1.00mL、2.00mL、3.00mL、4.00mL、5.00mL 上述标准混合溶液于一系列 10mL 比色管中，用稀 HNO_3 [$\varphi(HNO_3)=2\%$] 定容至刻度。待 ICP-OES 预热完成后，选择 Be（313.04nm）、Co（228.62nm）、Ni（231.60nm），点燃 ICP 炬管后，进行测定。

2. 样品测定

称取 0.1g（精确至 0.0001g）试样（粒径小于 0.075mm）置于 30mL 聚四氟乙烯坩埚

中，加几滴水润湿。加 2mL $HClO_4$、2mL HNO_3、3mL HCl 和 3mL HF，置于控温电热板上，加坩埚盖，放置过夜。次日，升温至 110℃，保持 1.5～2h。揭去盖子，升温至 240℃，直至高氯酸白烟冒尽，加 2mL（1+1）HNO_3，趁热浸取，冷却。移入 10mL 具塞比色管中，用水定容至刻度，摇匀。随后操作同工作曲线的制作。

五、分析结果计算

根据工作曲线方程得出溶液中各元素浓度，分别计算样品中各元素的含量。

六、思考题

为什么要加热至高氯酸白烟冒尽？

实验 31　ICP-MS 法测定地质样品中 15 种稀土元素

一、实验目的

1. 了解地质样品三酸溶解方法；
2. 掌握 ICP-MS 法测定稀土元素的分析方法。

二、实验原理

试样用氢氟酸、硝酸、硫酸分解并赶尽硫酸，用王水溶解后，移至比色管中，定容。分取部分澄清溶液，用 HNO_3 溶液 $[\varphi(HNO_3)=2\%]$ 稀释至总稀释系数 1000 倍后，在电感耦合等离子体质谱仪上测定。方法适用于水系沉积物、土壤和岩石中的 Y、La、Ce、Pr、Nd、Sm、Eu、Gd、Tb、Dy、Ho、Er、Tm、Yb、Lu 等元素的测定。

三、仪器与试剂

1. 仪器：电感耦合等离子体原子质谱仪（Elan DRC-e 型，美国 Perkin Elmer 公司）。工作参数见表 3.7。

表 3.7　仪器工作参数

射频功率	等离子气流量	辅助气流量	雾化器气流量	透镜电压
1100W	13L·min^{-1}	1.3L·min^{-1}	1.02L·min^{-1}	7.5V

2. 试剂与溶液
（1）盐酸。
（2）硝酸，稀硝酸溶液 $[\varphi(HNO_3)=2\%]$。
（3）氢氟酸。
（4）硫酸。
（5）王水：取 750mL HCl 与 250mL HNO_3 混合，摇匀。用时配制。
（6）国家一级标准物质：与试样的基本组成一致，作为质量监控。
（7）镧标准储备溶液 $[\rho(La)=1.00mg·mL^{-1}]$：称取 0.1173g 经 850℃灼烧过的高纯

三氧化二镧置于烧杯中，用水润湿，加入 20mL（1+1）HCl，低温加热至溶解。冷却后转移到 100mL 容量瓶中，用水稀释至刻度，摇匀。

（8）铈标准储备溶液 $[\rho(Ce)=1.00mg \cdot mL^{-1}]$：称取 0.1228g 经 850℃ 灼烧过的高纯三氧化二铈置于烧杯中，加入 20mL（1+1）HCl，并加 2mL H_2O_2，低温加热至溶解。冷却后转移到 100mL 容量瓶中，用水稀释至刻度，摇匀。

（9）镨标准储备溶液 $[\rho(Pr)=1.00mg \cdot mL^{-1}]$：称取 0.1208g 高纯氧化镨（$Pr_6O_{11}$）置于烧杯中，加入 30mL（1+1）王水，低温加热至溶解。冷却后转移到 100mL 容量瓶中，用水稀释至刻度，摇匀。

（10）钕标准储备溶液 $[\rho(Nd)=1.00mg \cdot mL^{-1}]$：称取 0.1166g 高纯三氧化二钕置于烧杯中，加入 40mL（1+1）HCl，低温加热至溶解。冷却后转移到 100mL 容量瓶中，用水稀释至刻度，摇匀。

（11）钐标准储备溶液 $[\rho(Sm)=1.00mg \cdot mL^{-1}]$：称取 0.1160g 高纯三氧化二钐置于烧杯中，加入 30mL（1+1）王水，低温加热至溶解。冷却后转移到 100mL 容量瓶中，用水稀释至刻度，摇匀。

（12）铕标准储备溶液 $[\rho(Eu)=1.00mg \cdot mL^{-1}]$：称取 0.1158g 经 850℃ 灼烧过的光谱纯三氧化二铕置于烧杯中，加入 30mL（1+1）王水，低温加热至溶解。冷却后转移到 100mL 容量瓶中，用水稀释至刻度，摇匀。

（13）钆标准储备溶液 $[\rho(Gd)=1.00mg \cdot mL^{-1}]$：称取 0.1153g 经 850℃ 灼烧过的光谱纯三氧化二钆置于烧杯中，加入 30mL（1+1）王水，低温加热至溶解。冷却后转移到 100mL 容量瓶中，用水稀释至刻度，摇匀。

（14）铽标准储备溶液 $[\rho(Tb)=1.00mg \cdot mL^{-1}]$：称取 0.1176g 经 850℃ 灼烧过的高纯氧化铽（Tb_4O_7）置于烧杯中，加入 30mL（1+1）王水，低温加热至溶解。冷却后转移到 100mL 容量瓶中，用水稀释至刻度，摇匀。

（15）镝标准储备溶液 $[\rho(Dy)=1.00mg \cdot mL^{-1}]$：称取 0.1148g 经 850℃ 灼烧过的光谱纯三氧化二镝置于烧杯中，加入 30mL（1+1）王水，低温加热至溶解。冷却后转移到 100mL 容量瓶中，用水稀释至刻度，摇匀。

（16）钬标准储备溶液 $[\rho(Ho)=1.00mg \cdot mL^{-1}]$：称取 0.1146g 经 850℃ 灼烧过的高纯三氧化二钬置于烧杯中，加入 30mL（1+1）王水，低温加热至溶解。冷却后转移到 100mL 容量瓶中，用水稀释至刻度，摇匀。

（17）铒标准储备溶液 $[\rho(Er)=1.00mg \cdot mL^{-1}]$：称取 0.1144g 经 850℃ 灼烧过的高纯三氧化二铒置于烧杯中，加入 40mL（1+1）HCl，低温加热至溶解。冷却后转移到 100mL 容量瓶中，用水稀释至刻度，摇匀。

（18）铥标准储备溶液 $[\rho(Tm)=1.00mg \cdot mL^{-1}]$：称取 0.1142g 经 850℃ 灼烧过的光谱纯三氧化二铥置于烧杯中，加入 30mL（1+1）王水，低温加热至溶解。冷却后转移到 100mL 容量瓶中，用水稀释至刻度，摇匀。

（19）镱标准储备溶液 $[\rho(Yb)=1.00mg \cdot mL^{-1}]$：称取 0.1139g 经 850℃ 灼烧过的高纯三氧化二镱置于烧杯中，加入 20mL（1+1）HCl，低温加热至溶解。冷却后转移到 100mL 容量瓶中，用水稀释至刻度，摇匀。

（20）镥标准储备溶液 $[\rho(Lu)=1.00mg \cdot mL^{-1}]$：称取 0.1137g 经 850℃ 灼烧过的高纯三氧化二镥置于烧杯中，加入 30mL（1+1）王水，低温加热至溶解。冷却后转移到

100mL 容量瓶中，用水稀释至刻度，摇匀。

（21）钇标准储备溶液 $[\rho(Y)=1.00\text{mg}\cdot\text{mL}^{-1}]$：称取 0.1270g 经 850℃灼烧过的光谱纯三氧化二钇置于烧杯中，用水润湿，加入 20mL（1+1）HCl，低温加热至溶解。冷却后转移到 100mL 容量瓶中，用水稀释至刻度，摇匀。

（22）混合标准工作溶液 $[\rho(\text{REE})=100\text{ng}\cdot\text{mL}^{-1}]$：移取上述 15 种稀土标准溶液各 1mL 于 100mL 容量瓶中，用稀 HNO$_3$ 溶液 $[\varphi(\text{HNO}_3)=2\%]$ 定容；混合标准工作溶液 $[\rho(\text{REE})=1\text{ng}\cdot\text{mL}^{-1}]$：移取上述混合溶液 1mL 于 100mL 容量瓶中，用 HNO$_3$ $[\varphi(\text{HNO}_3)=2\%]$ 定容。

四、分析步骤

1. 工作曲线的制作

分别移取 0.00、0.10mL、0.20mL、0.50mL、1.00mL $\rho(\text{REE})=100\text{ng}\cdot\text{mL}^{-1}$ 的混合标准溶液于 10mL 比色管中，用稀 HNO$_3$ $[\varphi(\text{HNO}_3)=2\%]$ 定容。优化 ICP-MS 测定条件后，选择合适的同位素进行测定。

2. 样品测定

称取 0.25g（精确至 0.0001g）试样（粒径小于 0.075mm）置于 50mL 聚四氟乙烯烧杯中，用几滴水润湿，加入 5mL HNO$_3$、10mL HF、2mL H$_2$SO$_4$，将聚四氟乙烯烧杯置于 200℃ 电热板上蒸发至硫酸冒烟尽。趁热加入 8mL 王水，在电热板上加热至溶液体积剩余 2～3mL，用约 10mL 去离子水冲洗杯壁，微热 5～10min 至溶液清亮，取下冷却。将溶液转入 25mL 具塞比色管中，用去离子水稀释至刻度，摇匀。移取清液 1.00mL 置于 10mL 具塞比色管中，用 HNO$_3$ $[\varphi(\text{HNO}_3)=2\%]$ 稀释至刻度，摇匀。随后操作同工作曲线的制作。

五、分析结果计算

根据工作曲线方程得出溶液中各元素浓度，分别计算样品中各元素的含量。

六、思考题

1. 制样时为什么要蒸发至硫酸冒烟尽？
2. 为什么要稀释至总稀释系数 1000 倍？

实验 32　ICP-MS 法测定地质样品中的金、铂、钯

一、实验目的

1. 学习地质样品中贵金属金、铂、钯的分解方法；
2. 掌握 ICP-MS 测定痕量贵金属金、铂、钯的方法。

二、实验原理

试样经灼烧除去碳和硫，再用王水分解提取，定容，放置 72h 以上。分取部分澄清溶液，用水稀释至总稀释系数为 500 倍后，在电感耦合等离子体质谱仪上进行测定。

三、仪器与试剂

仪器：电感耦合等离子体原子质谱仪（Elan DRC-e 型，美国 Perkin Elmer 公司）。工作参数见表 3.8.

表 3.8　仪器工作参数

射频功率	等离子气流量	辅助气流量	雾化器气流量	透镜电压
1100W	13L·min^{-1}	1.3L·min^{-1}	1.02L·min^{-1}	7.5V

试剂与溶液：

1. 盐酸。

2. 硝酸，稀 HNO$_3$ [φ(HNO$_3$)=2%]。

3. 王水（1+1）：取 75mL HCl 与 25mL HNO$_3$ 混合后，加入 100mL 水，搅匀。用时配制。

4. 金标准储备溶液 [ρ(Au)=1.00mg·mL^{-1}]：国家一级标准物质。

金标准工作溶液 [ρ(Au)=10μg·mL^{-1}]：移取 1.00mL 金标准储备溶液于 100mL 容量瓶中，用稀 HNO$_3$ [φ(HNO$_3$)=2%] 定容至刻度，摇匀。

5. 铂标准储备溶液 [ρ(Pt)=1.00mg·mL^{-1}]：国家一级标准物质。

铂标准工作溶液 [ρ(Pt)=10μg·mL^{-1}]：移取 1.00mL 铂标准储备溶液于 100mL 容量瓶中，用稀 HNO$_3$ [φ(HNO$_3$)=2%] 定容至刻度，摇匀。

6. 钯标准储备溶液 [ρ(Pd)=1.00mg·mL^{-1}]：国家一级标准物质。

钯标准工作溶液 [ρ(Pd)=10μg·mL^{-1}]：移取 1.00mL 钯标准储备溶液于 100mL 容量瓶中，用稀 HNO$_3$ [φ(HNO$_3$)=2%] 定容至刻度，摇匀。

7. 金、铂、钯混合标准工作溶液 [ρ(Au, Pt, Pd)=100ng·mL^{-1}]：分取金、铂、钯标准工作溶液各 1.00mL 于 100mL 容量瓶中，用稀 HNO$_3$ [φ(HNO$_3$)=2%] 稀释至刻度，摇匀。

8. 内标元素溶液 [ρ(Re)=25ng·mL^{-1}]。

四、分析步骤

1. 工作曲线的制作

分别移取 0.00、1.00mL、2.00mL、4.00mL、8.00mL、10.00mL 金、铂、钯混合标准工作溶液 ρ（Au, Pt, Pd）= 100ng·mL^{-1} 于 100mL 容量瓶中，用稀 HNO$_3$ [φ(HNO$_3$)=2%] 定容至刻度。待 ICP-MS 预热、条件优化完成后，以 ^{185}Re 作为内标元素进行测定。

2. 样品测定

称取 10.0g（精确至 0.1g）试样（粒径小于 0.075mm）置于 25mL 瓷坩埚中，送入高温炉内（将炉门拉开 0.7cm），从低温升至 650℃，保温 1h。取出冷却后，将试样倒入 200mL 锥形瓶中，用水润湿，加入 50mL（1+1）王水，加瓷坩埚盖后置电热板上加热溶解，保持微沸 1～3h。用水冲洗瓷坩埚盖，转移至 200mL 容量瓶中，用水定容，摇匀，放置 72h。移取清液 1.00mL 于 25mL 具塞比色管中，用稀 HNO$_3$ [φ(HNO$_3$)=2%] 定容，摇匀。随后操作同工作曲线的制作。

五、分析结果计算

根据工作曲线方程得出溶液中各元素浓度，分别计算样品中各元素的含量。

六、思考题

1. 为什么使用王水来分解试样？
2. 试样为什么要先灼烧后再用王水分解？

第4章 有机物分析

实验33 气相色谱法定性、定量分析苯系物

一、实验目的

1. 了解气相色谱法的定性、定量分析原理；
2. 掌握气相色谱法定性、定量苯系物的分析方法。

二、实验原理

广义上的苯系物包括全部芳香族化合物，狭义上的特指包括苯系物在内的在人类生产生活环境中有一定分布并对人体造成危害的含苯环化合物。由于苯系物性质极为相似，一般方法难以分离分析。根据苯系物在气相色谱毛细管分离柱中分配系数不同，可采用气相色谱法进行分离分析。本实验通过保留时间进行定性分析，通过色谱峰面积进行定量分析。

三、仪器与试剂

普析 GC1120 气相色谱仪，FID 检测器；色谱柱：SE-54 毛细管柱（30m×0.32mm×0.5μm）；高纯 N_2（99.999%）；10μL 微量注射器；10mL 比色管。

苯，甲苯，乙苯，间二甲苯，邻、对二甲苯（混标 1000μg·mL^{-1}）；正己烷（色谱纯）。

四、实验步骤

1. 标准系列溶液的配制：取苯，甲苯，乙苯，间二甲苯，邻、对二甲苯混合标准溶液，用色谱纯正己烷逐级稀释而成，系列浓度列于表 4.1。

表 4.1 苯系物标准系列浓度

成分	苯 /μg·mL^{-1}	甲苯 /μg·mL^{-1}	乙苯 /μg·mL^{-1}	间二甲苯 /μg·mL^{-1}	邻、对二甲苯 /μg·mL^{-1}
1	5	5	5	5	10
2	10	10	10	10	20
3	50	50	50	50	100
4	100	100	100	100	200

2. 上机测试

（1）开机：打开氮气（0.4MPa），等待压力稳定后打开气相色谱仪电源开关。待色谱仪启动成功，打开电脑中色谱工作站。

（2）在 GC 面板上依次输入以下内容：

GC 条件：氮气流量：30mL·min⁻¹；氢气流量：30mL·min⁻¹；空气流量：300 mL·min⁻¹。进样口温度：250℃；柱箱温度：60℃；FID 检测器 300℃；升温程序：60℃ 保持 2min，然后以 20℃·min⁻¹升到 100℃，再以 2℃·min⁻¹升到 103℃。

（3）待检测器温度升至 120℃ 以上，打开氢气发生器和空气源；当两者压力均升至 0.4MPa 后再给 FID 点火，待仪器稳定、基线平稳进样。

五、数据处理

1. 定性分析

本实验采用保留时间定性，样品中各组分别和苯、甲苯、二甲苯单标的保留时间进行对照，确定样品组成。

2. 定量分析

由苯系物标准系列建立各组分标准曲线，并由标准曲线计算样品中各组分含量。

六、思考题

利用保留值进行色谱定性时，实验条件是否需要严格控制？为什么？

实验 34　气相色谱法定性分析挥发酚类化合物

一、实验目的

1. 了解酚类化合物的性质及环境意义；
2. 掌握气相色谱法定性分析酚类化合物的方法。

二、实验原理

酚类化合物是指芳香烃中苯环上的氢原子被羟基取代所生成的化合物，是芳烃的含羟基衍生物，根据其分子所含的羟基数目可分为一元酚和多元酚，是环境中重要的一类有机污染物。挥发酚（属一元酚）的沸点通常在 230℃ 以下，适合于气相色谱法分析测定。本实验根据标准物质的保留时间对待测物质进行定性分析。

三、仪器与试剂

Agilent 6890N 气相色谱仪；检测器：FID；色谱柱：HP-5 毛细管柱（30m×320μm× 0.25μm）；高纯 H_2（99.999%），高纯 N_2（99.999%）；10μL 微量注射器；空气泵。

酚类标准化合物：苯酚、邻氯苯酚、间甲酚、2,4-二氯苯酚（均为优级纯）。稀释溶剂甲醇（优级纯）。

四、实验步骤

1. 标准储备溶液的制备

分别称取标准品苯酚、邻氯苯酚、间甲酚、2,4-二氯苯酚各 100mg 置于 10mL 刻度管中，然后分别加甲醇稀释至 10mL，分别得到浓度为 10mg·mL⁻¹四种物质的储备标准溶液。

2. 标准溶液的制备

分别量取四种酚标准储备溶液 0.5mL 于 5mL 比色管中，用甲醇定容至刻度，分别配浓度为 1mg·mL^{-1} 四种物质的标准溶液待测。

3. 样品溶液的配制

别量取四种酚标准储备溶液 0.5mL 于 5mL 比色管中，用甲醇定容至刻度，配成 1mg·mL^{-1} 四种物质的标准混合溶液摇匀后备用。

4. 上机测试

（1）开机：打开氮气、氢气和空气气源，待压力达到设定值后，打开气相色谱仪电源开关。

（2）待色谱仪自检完成后，打开电脑中 Instrument online 色谱工作站。建立本次实验所需的方法：

载气：高纯 N$_2$；进样口（不分流进样）：240℃；检测器：300℃；柱压：100kPa（恒压）；氢气流量：35mL·min^{-1}；空气流速：350mL·min^{-1}；尾吹气流速（N$_2$）：25mL·min^{-1}；升温程序：初温 40℃，以 30℃·min^{-1} 升至 70℃，保持 1min，再以 15℃·min^{-1} 升至 108℃，最后以 30℃·min^{-1} 升至 230℃，保持 3min。

（3）待仪器参数设定完毕仪器稳定后，分别吸取标准溶液、样品溶液进行测定，溶液进样量为 1μL。

五、数据处理

1. 根据得到的色谱图，分别指出苯酚、邻氯苯酚、间甲酚、2,4-二氯苯酚的保留时间和峰宽。

2. 计算间苯酚色谱峰的理论塔板数 n。

3. 计算苯酚与其相邻峰之间的分离度 R。

六、思考题

气相色谱定性方法有哪几种？本实验中使用的是什么定性方法，本定性方法有什么样的特点？

实验 35 气相色谱法分离三种 α-羟基酸

一、实验目的

1. 了解气相色谱法中样品衍生化的作用及方法；

2. 掌握气相色谱法在植物分析中的应用。

二、实验原理

α-羟基酸包括酒石酸、乙醇酸、乳酸、柠檬酸等，来源于柠檬、苹果、葡萄等水果。α-羟基酸直接用气相色谱测定较困难，而 α-羟基酸在 N，N-二甲基甲酰胺（DMF）介质中与 N，O-双-（三甲基硅烷基）三氟乙酰胺（BSTFA）发生硅烷化反应，生成易挥发性的衍生物，通过气相色谱法进行分离和检测。

三、仪器及试剂

Agilent 6890N 气相色谱仪，FID 检测器；色谱柱 HP-5 （30m×0.32mm×0.25μm）；高纯 H$_2$ （99.999%），高纯 N$_2$ （99.999%）；10μL 进样针；2mL 带盖衍生瓶；10mL 容量瓶。

乳酸，酒石酸，柠檬酸，N，N-二甲基甲酰胺 （DMF），N，O-双-（三甲基硅烷基）三氟乙酰胺 （BSTFA），均为分析纯。

四、分析步骤

1. 标准溶液的制备：分别称取乳酸、酒石酸、柠檬酸 0.1g 于 10mL 容量瓶中，用 DMF 溶解并定容至刻度。移取上述溶液 50μL 于 2mL 衍生瓶中，加 BSTFA 100μL 后置 80℃水浴中衍生 30min 后即得。

2. 上机测试

(1) 开机：打开氮气、氢气和空气气源，待压力达到设定值后，打开气相色谱仪电源开关。

(2) 打开电脑中 Instrument online 色谱工作站。调出本次实验所用的方法：STU_FID.M。

工作条件的设定：在 Instrument 菜单下的 Edit Parameters 面板中设定工作条件。

程序升温条件：起始温度 50℃，保持 1min，然后以 12℃·min^{-1} 升温到 230℃，再以 40℃·min^{-1} 升温到 300℃，保持 2min。

进样口温度：310℃，采用分流方式，分流比 5∶1；检测器：FID；检测器温度：310℃。

载气：氮气，恒流 8mL·min^{-1}；空气：350mL·min^{-1}；氢气：35mL·min^{-1}；辅助气：氮气，25mL·min^{-1}。

(3) 待仪器参数设定完毕、仪器稳定后，分别吸取标准溶液、混合标准溶液进行测定，进样量为 1μL。

五、数据处理

根据乳酸、酒石酸、柠檬酸硅烷化衍生物的色谱峰，计算保留时间和峰宽。

六、思考题

简述气相色谱法中样品衍生化的目的及意义。

实验 36　气相色谱法分析垃圾填埋气中甲烷的含量

一、实验目的

1. 了解测定垃圾填埋气中甲烷的意义；
2. 掌握气相色谱法测定甲烷含量的分析方法。

二、实验原理

垃圾填埋气是填埋垃圾中可生物降解的有机垃圾在厌氧环境下分解所产生的混合气体，甲烷是其主要成分之一。其温室效应是二氧化碳的十几倍，且 5%～15% 的甲烷与空气混合极易引起爆炸。气相色谱法可有效地将填埋气中各组分进行分离。本实验采用气相色谱法测定垃圾填埋气中甲烷含量。

三、仪器与试剂

Agilent 6890N 气相色谱仪；检测器：TCD；色谱柱：HP-MOLSIV 毛细柱（15m × 530μm × 25μm）；10μL 注射器；空气泵；气体：高纯 H_2（99.999%），高纯 N_2（99.999%）。采气袋；甲烷标准气（10%）；垃圾填埋气（采自垃圾填埋场）。

四、实验步骤

1. 标准气的配制：准确吸取 10% 甲烷标准气，用高纯氮稀释，采气袋收集，配制并得到浓度分别为 10%、1%、0.1% 的甲烷标准气。

2. 用样品袋采集垃圾填埋气。

3. 样品测试

（1）开机：打开氮气、氢气和空气气源，待压力达到 0.6MPa 后，打开气相色谱仪电源开关。

（2）待色谱仪自检完成后，打开电脑中 Instrument online 色谱工作站，调出本次实验所用的方法：GAS_TCD.M。

方法内容如下：

进样口温度：150℃，采用不分流进样口；柱温箱温度：恒温，40℃；检测器：TCD；检测器温度：180℃；载气：氢气，恒流 6.1mL·min^{-1}；参比气：氢气：20mL·min^{-1}；辅助气：氢气，7.5mL·min^{-1}。

（3）待仪器参数设定完毕、仪器稳定后，分别吸取标准气、垃圾填埋气进行测定，进样量为 0.2mL。

五、数据处理

观察甲烷色谱峰，根据甲烷的保留时间和峰宽，根据标准曲线计算甲烷的含量。

六、思考题

根据甲烷色谱峰的理论塔板数 n 及分离度 R 判断气相色谱法测定甲烷的可靠性。

实验 37　液液萃取-气相色谱法测定水体中微量有机氯

一、实验目的

1. 了解液液萃取有机氯的基本原理；
2. 掌握气相色谱法测定水体中微量有机氯的分析方法。

二、实验原理

有机氯农药是一种广谱、高效、价廉的杀虫剂，是环境中重要污染物之一。气相色谱法可有效地将该类化合物进行分离。本实验依据相似相溶原理，采用液液萃取技术对样品中微量有机氯农药进行富集，用气相色谱法测定。

三、仪器与试剂

Agilent 6890N 气相色谱仪配微电子捕获检测器，HP-5MS 石英毛细管柱（30.0m×0.25mm×0.25μm）；高纯氮气（99.999%）。

8 种有机氯标准储备液（α-六六六、β-六六六、γ-六六六、δ-六六六、4,4'-DDE、2,4'-DDT、4,4'-DDD、4,4'-DDT）。

甲醇、石油醚、正己烷（均为农残级）；无水硫酸钠、氯化钠（分析纯，用前在 600℃下烘 4h，冷却后装入密封的玻璃瓶中存放）；盐酸和氢氧化钠（优级纯）；水（纯净水）。

四、实验步骤

1. 样品前处理

取 200mL 水样于 500mL 的分液漏斗中，用 6mol·L^{-1} 氢氧化钠调节溶液的 pH 为 7，加入约 10g 的 NaCl，溶解后再准确加入替代品标准液 1mL，向水样中加入 15mL 的混合溶剂（正己烷：石油醚＝2：1），剧烈振荡萃取 5min，然后静置分层，分离水相，重复萃取 3 次，合并 3 次萃取液，然后用无水硫酸钠干燥萃取液后，在 40～45℃ 水浴中氮吹浓缩至 1mL，进样 1mL 分析。

2. 标准溶液配制

用正己烷配制以下浓度均为 1μg·L^{-1}、2μg·L^{-1}、5μg·L^{-1}、10μg·L^{-1} 的混标溶液。

3. 上机测试

（1）开机：打开氮气、氢气和空气气源，待压力达到设定值后，打开气相色谱仪电源开关。

（2）待色谱仪自检完成后，打开电脑中 Instrument online 色谱工作站。建立测试方法，条件如下。

进样口温度：250℃；进样 1.0μL，不分流进样；柱温：80℃（1min），30℃·min^{-1} 升温至 180℃（0min），5℃·min^{-1} 升温至 220℃（4min），2℃·min^{-1} 升温至 250℃（0min），最后 290℃（2min）烘烤柱子；恒流 1.0mL·min^{-1}。

（3）仪器设置完毕，仪器准备好上机进行测试。

4. 对谱图进行分析处理

五、数据处理

利用标准溶液测量结果作出标准曲线并以此计算出样品中各含量的成分。

六、思考题

1. 简要叙述液液萃取的基本原理。
2. 液液萃取与其他萃取方法相比，有什么优点？

实验 38   气相色谱-质谱联用法定性分析脂肪酸甲酯

一、实验目的

1. 了解脂肪酸甲酯定性分析原理；
2. 掌握气相色谱-质谱联用仪定性分析脂肪酸甲酯的方法。

二、实验原理

脂肪酸甲酯是用途广泛的表面活性剂（SAA）的原料，气相色谱-质谱联用法是其有效的检测方法。本实验通过试样与标准物质和标准质谱图库进行对比，进行脂肪酸甲酯定性分析。

三、仪器及试剂

岛津 GCMS-QP2010 Plus 气相色谱质谱联用仪，Rtx-5MS（30m×0.25mm×0.25μm）石英毛细管柱。

正己烷、正十六烷甲酯（均为色谱纯）。

四、分析步骤

1. 标准溶液的制备：称取标准物正十六烷甲酯 1.00g 于 10mL 刻度管中，加正己烷稀释至 10mL，得到正十六烷甲酯的标准溶液。

2. 打开 GCMS Analysis Editor 软件，创建本次实验方法。方法内容如下：

GC 条件：进样口温度 280℃，进样方式不分流；起始温度 160℃保持 2min，以 21℃·min^{-1}升温到 280℃，保持 1min；流量控制方式：线速度 38.1cm·s^{-1}。

MS 条件：离子源温度 230℃，接口温度 280℃，溶剂延迟时间 3min；采集方式 Scan，开始时间 3.00min，结束时间 8.30min，扫描 m/z 范围 50~450。

方法创建好之后保存于相应文件夹中。

3. 将样品置于自动进样器中，打开吹扫捕集仪。

4. 打开 GCMS Real Time Analysis 软件，调入所建方法文件，点击"样品登录"设定数据保存目录，然后点击"待机"按钮，当 GC 与 MS 均显示"准备就绪"时，即可点击"开始"按钮。

5. 待 GCMS 运行完毕后，打开 GCMS Postrun Analysis 软件，观察实验所得的色谱峰与质谱图。与标准样品以及标准质谱图库进行对比，定性分析样品中的组分。

五、数据处理

与标准样品以及标准质谱图库进行对比，定性分析样品中的组分。

六、思考题

1. 请根据色谱报告，判断指出正十四烷甲酯的保留时间和峰宽。
2. 为什么 GC-MS 样品中不能含水？

实验 39　气相色谱-质谱法测定大气中
微量苯、甲苯、二甲苯

一、实验目的

1. 了解空气中微量苯系物的富集方法；
2. 掌握气相色谱质谱法测定苯系物的分析方法。

二、实验原理

大气中的苯系物一般以蒸气的形式分散在空气中。空气中的微量苯系物经活性炭采集浓缩，用甲醇解吸，以适当的色谱分离柱分离，用质谱检测器进行检测。以色谱峰高或峰面积进行定量。

三、仪器与试剂

GCMS-QP2010 Plus 气相色谱质谱联用仪，配有 Rxi-1MS（30m×0.25mm×0.25μm）石英毛细管柱；活性炭采样管；空气采样器。

活性炭前处理：称取一定量的活性炭于马弗炉内 350℃ 灼烧 3h，冷却备用。

苯、甲苯、二甲苯（分析纯）；甲醇（色谱纯）。

四、分析步骤

微量苯系物的采集方法如下：

1. 取一个烧杯加入适量水（200mL 左右），加入苯、甲苯及二甲苯各 1mL，放于水浴锅水浴加热。

2. 把灼烧过的活性炭装进采样管，两端用棉花堵住，接到空气采样器并固定于烧杯上方，以 0.6L·min⁻¹ 的流量采集 30min。

3. 采样完毕，把活性炭倒入 10mL 容量瓶，加入 3mL 甲醇，塞上瓶塞，振荡 2min，静置 20min，用 0.45μm 微孔滤膜过滤之后，取 1μL 上机测试，步骤如下。

（1）打开 GCMS Analysis Editor 软件，创建本次实验方法。方法内容如下：

GC 条件：进样口温度，250℃；柱箱温度，60℃；进样方式，分流进样；分流比，20∶1。

流量控制方式：线速度，柱流量，0.50mL·min⁻¹。

升温程序：初始温度 60℃ 保持 2min，再以 20℃·min⁻¹ 升到 100℃，然后 2℃·min⁻¹ 升到 103℃。

MS 条件：离子源温度，230℃；进样口温度，250℃；溶剂延迟时间，2min；开始时间，2.5min；结束时间，5.5min；扫描方式，Scan；m/z 范围，35～1602。

方法创建好之后保存于相应文件夹中。

（2）打开 GCMS Real Time Analysis 软件，调入所建方法文件，点击"样品登录"设定数据保存目录，然后点击"待机"按钮，当 GC 与 MS 均显示"准备就绪"时，即可点击"开始"按钮。

(3) 待 GCMS 运行完毕后，打开 GCMS Postrun Analysis 软件，观察实验所得的色谱峰与质谱图，处理谱图。

五、数据处理

将样品测定的各成分的峰面积带入线性方程中，即可计算出所收集空气样品中的苯、甲苯、二甲苯的浓度（$\mu g \cdot mL^{-1}$）。空气中污染物的浓度是以单位体积内所含污染物的质量来表示，即 $mg \cdot m^{-3}$。

$$c_{空气(标)} = 3c / V_标 \qquad (4.1)$$

$$V_标 = V_实 \times \frac{273.15}{273.15 + t} \times \frac{P}{101.325} \qquad (4.2)$$

$$V_实 = L \times t' \qquad (4.3)$$

式中，273.15 为 0℃ 对应的热力学温度，K；101.325 为标况下的大气压，kPa；$c_{空气(标)}$ 为标况下空气中苯系物含量 $\mu g \cdot mL^{-1}$；c 为样品中苯系物浓度 $\mu g \cdot mL^{-1}$；$V_标$ 为标况下空气体积，mL；$V_实$ 为气体的实时体积，mL；t 为实时温度，℃；P 为实时大气压，Pa；L 为空气流量，$L \cdot min^{-1}$；t' 为采样时间，min。

六、思考题

1. 分别指出各组分的保留时间及峰宽；
2. 比较气相色谱法和气相色谱-质谱法测定苯系物的异同点。

实验 40　气相色谱-质谱法测定土壤中的正构烷烃

一、实验目的

1. 了解正构烷烃在古气候及古环境研究中的指示意义；
2. 了解索氏抽提样品前处理方法；
3. 掌握气相色谱-质谱法测定土壤中正构烷烃的方法。

二、实验原理

正构烷烃是广泛存在于土壤、沉积物、石油和煤等地质体中的一类有机物，化学稳定性高，有较好的指示气候和环境的作用，是重要的生物标志化合物之一。色谱法是正构烷烃的有效分离方法，在质谱法中正构烷烃显示弱的分子离子峰，但具有典型的 $C_n H_{2n+1}$ 系列和 $C_n H_{2n-1}$ 系列离子峰，其中含 3 个或 4 个 C 的离子丰度最大。本实验采用气相色谱-质谱联用法对正构烷烃混合物中各成分进行定性和定量分析。

三、仪器与试剂

GCMS-QP2010 Plus 气相色谱-质谱联用仪（日本岛津公司），Rtx-5ms（30m × 0.25mm×0.25μm）石英毛细管柱；FD-II 数显式恒温磁力搅拌器（金坛市杰瑞尔电器有限公司），KQ-500DE 型数控超声波清洗器（昆山市超声仪器有限公司），千分之一电子天平（上海越平科学仪器有限公司），KL-512 型氮吹仪（北京康林科技有限公司），漩涡式振荡混合仪。

50mL 聚四氟乙烯离心管，8mL 样品瓶、6mL 样品瓶、1.5mL 样品瓶及磁力搅拌子若干。

正构烷烃标准品（正十六烷；正十七烷；正十八烷；正十九烷；正二十烷；正二十一烷；正二十二烷；正二十三烷；正二十四烷；正二十五烷；正二十六烷；正二十七烷；正二十八烷；正二十九烷；正三十烷，见表4.2）。

表 4.2　15 种正构烷烃的保留时间和特征离子

化合物	相对分子质量	定量离子	参考离子
正十六烷	226	57	71,85
正十七烷	240	57	71,85
正十八烷	254	57	71,85
正十九烷	268	57	71,85
正二十烷	282	57	71,85
正二十一烷	296	57	71,85
正二十二烷	310	57	71,85
正二十三烷	324	57	71,85
正二十四烷	338	57	71,85
正二十五烷	352	57	71,85
正二十六烷	366	57	71,85
正二十七烷	380	57	71,85
正二十八烷	394	57	71,85
正二十九烷	408	57	71,85
正三十烷	422	57	71,85

四、实验步骤

1. 样品前处理

（1）索氏提取（图 4.1）　用洗液洗涤所有需要使用的玻璃器皿，洗涤后静置 4h 以上，用纯净水冲洗多次，烘干备用。取预处理研磨后的样品约 10g 装入放入索氏提取器，将索氏提取器装入注水的水浴锅。往索氏提取器注入适量的二氯甲烷和甲醇体积比 9:1 混合溶液，接通冷却用的自来水，水浴加温至 84℃ 并保持恒温，保持提取 24h。提取后，将提取液用旋转蒸发仪蒸发浓缩后，转移到 10mL 样品瓶中，并放入冰箱，备用。

（2）柱色谱分离　将 60 目的硅胶在 150℃ 下活化 6h。无水硫酸钠在 500℃ 的马弗炉里灼烧 6h。取已分离的中性类脂物组分样品，加约 1mL 的正己烷浸泡一夜，用长约 15cm 的色谱分离柱，依次填入无水硫酸钠、10cm 高的硅胶、无水硫酸钠，然后敲实。先用正己烷淋洗柱子数分钟，然后将样品溶液转移至柱子中，用 6mL 正己烷洗脱烷烃类组分备用。

（3）氮吹定容　经柱色谱分离的样品，在低流量的氮气吹扫

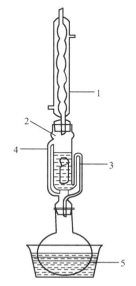

图 4.1　经典索氏提取器
1—冷凝管；2—提取管；
3—虹吸管；4—连接管；
5—提取瓶

下将溶剂挥发干，用 1mL 正己烷定容至 1.5mL 样品瓶中，待测。

2. 上机测试

（1）设置方法程序

① 打开 GCMS Analysis Editor 软件，创建本次实验方法。方法内容如下：

GC 条件——进样口温度：250℃。进样方式：不分流，高压进样（250kPa）。升温程序：初始温度 90℃，保持 3min；以 20℃·min⁻¹ 升温到 105℃，以 11℃·min⁻¹ 升温至 240℃，以 5℃·min⁻¹ 升温至 310℃，保持 2min。流量控制方式：线速度，42.3mL·min⁻¹。

MS 条件——离子源温度：250℃；接口温度：250℃；溶剂延迟时间：2.5min；采集方式：Scan，开始时间 3.0min；结束时间 32min；扫描 m/z 范围 29～500。方法创建好之后保存于相应文件夹中。经全扫模式定性后，可得出这 15 种正构烷烃的保留时间和特征离子（见表 4.2），并可以由此建立选择离子法（SIM），定量分析选择 m/z 57、71、85。

方法创建好之后保存于相应文件夹中。

② 打开 GCMS Real Time Analysis 软件，调入所建方法文件，点击"样品登录"设定数据保存目录，然后点击"待机"按钮，当 GC 与 MS 均显示"准备就绪"时，即可点击"开始"按钮。

③ 待 GCMS 运行完毕后，打开 GCMS Postrun Analysis 软件，观察实验所得的色谱峰与质谱图。与标准样品以及标准质谱图库进行对比，定性分析样品中的组分，处理数据并提交报告。

（2）在全扫模式下进样 1μL，确认 15 种正构烷烃的出峰顺序和保留时间。

（3）标准曲线的建立

分别称取 10mg 的标准品溶解在 10mL 正己烷溶液中，配制成 1g·L⁻¹ 的溶液，然后取 2mL 母液用氮气吹干，加 4mL 甲酯化试剂在 70℃下反应 1.5h，再用氮气吹干，加正己烷配制成 50mg·L⁻¹ 的溶液，再用溶剂逐渐稀释成浓度为 1mg·L⁻¹、2mg·L⁻¹、20mg·L⁻¹、50mg·L⁻¹，从而建立标准曲线，上机测定。

五、数据处理

1. 根据得到的色谱图，分别指出不同碳数正构烷烃的保留时间和峰宽。

2. 由正构烷烃标准系列建立各组分标准曲线，并由标准曲线计算样品中正构烷烃各组分含量。

六、思考题

简单叙述分流进样和不分流进样的区别及适用范围。

实验 41　顶空气相色谱-质谱法测定水样中的挥发性有机物

一、实验目的

1. 了解挥发性有机物的定义及分类；

2. 掌握顶空采样-气相色谱-质谱法测定挥发性有机物的分析方法。

二、实验原理

沸点在 $50 \sim 250\,^{\circ}\mathrm{C}$，室温下饱和蒸气压超过 133.32kPa，在常温下以蒸气形式存在于空气中的一类有机物称为挥发性有机物（VOC），VOC 的主要成分有：烃类、卤代烃、氧烃和氮烃。它包括：苯系物、有机氯化物、氟里昂系列、有机酮、胺、醇、醚、酯、酸和石油烃化合物等。

本实验在恒温密闭容器中，通过加热使水样中的挥发性有机物在气、液两相间分配平衡后，定量抽取液面上气相样品进行气相色谱-质谱联用仪进行测定。本方法适用于饮用水、地表水、地下水和废水中挥发性有机物的监测。

三、仪器与试剂

气相色谱质谱联用仪，EI 源，自动顶空进样器。1mL 气密注射器、顶空样品瓶 30mL，带聚四氟乙烯密封硅橡胶垫。密封垫在 $150\,^{\circ}\mathrm{C}$ 下加热 3h，冷却后保存在干净的玻璃试剂瓶中。

氯化钠：优级纯，在 $350\,^{\circ}\mathrm{C}$ 下加热 6h，除去吸附于表面的有机物，冷却后保存于干净的试剂瓶中。

甲醇：优级纯。

VOC 标准储备液（$1000\mu\mathrm{g} \cdot \mathrm{mL}^{-1}$）：23 种 VOCs，甲醇为溶剂。

标准使用液（$10.0\mu\mathrm{g} \cdot \mathrm{mL}^{-1}$）：用甲醇逐级稀释标准储备溶液配制。

内标溶液对溴氟苯（$1000\mu\mathrm{g} \cdot \mathrm{mL}^{-1}$）：甲醇为溶剂，再以甲醇稀释至 $100\mu\mathrm{g} \cdot \mathrm{mL}^{-1}$。

四、实验步骤

1. 样品采集与保存

取水样应使样品充满容器，不留空间，并加盖密封。样品应在冰箱冷藏室中保存。

2. 样品预处理

称取 3g 氯化钠放入 30mL 顶空样品瓶中，缓慢注入 10mL 水样，加入 $5\mu\mathrm{L}$ 浓度为 $100\mu\mathrm{g} \cdot \mathrm{mL}^{-1}$ 的内标溶液，盖上硅橡胶垫和铝盖，用封口工具加封，放入顶空进样器中待测定。

3. 校准曲线

取五个顶空瓶，分别称取 3g NaCl 于各顶空瓶中，加入 10mL 纯水，再分别加入 $5\mu\mathrm{L}$ 和 $10\mu\mathrm{L}$ 的 $10\mu\mathrm{g} \cdot \mathrm{mL}^{-1}$ 标准使用液及 $5\mu\mathrm{L}$ 和 $10\mu\mathrm{L}$ 的 $100\mu\mathrm{g} \cdot \mathrm{mL}^{-1}$ 标准使用液，各瓶中内同时加入 $5\mu\mathrm{L}$ 浓度为 $100\mu\mathrm{g} \cdot \mathrm{mL}^{-1}$ 的内标溶液，加盖密封，放入顶空进样器中待分析，得到溶液浓度分别为 0.00、$5.00\mathrm{ng} \cdot \mathrm{mL}^{-1}$、$10.0\mathrm{ng} \cdot \mathrm{mL}^{-1}$、$50.0\mathrm{ng} \cdot \mathrm{mL}^{-1}$、$100\mathrm{ng} \cdot \mathrm{mL}^{-1}$，内标浓度为 $50.0\mathrm{ng} \cdot \mathrm{mL}^{-1}$。

4. 测定

（1）定性分析：全扫描方式，质量（m/z）范围为 $35 \sim 200$，扫描速度 $0.5\mathrm{s} \cdot \text{次}^{-1}$。定量方式：选择离子检测（SIM），各化合物检测质量数参考表 4.3。打开 GCMS Analysis Editor 软件，创建本次实验方法。方法内容如下：

顶空样品瓶加热温度为 $60\,^{\circ}\mathrm{C}$，加热平衡时间 30min。色谱柱：DB-624 石英毛细管柱 $60\mathrm{m} \times 0.32\mathrm{mm} \times 1.8\mu\mathrm{m}$。进样口温度：$250\,^{\circ}\mathrm{C}$；接口温度 $230\,^{\circ}\mathrm{C}$。进样方式：分流进样；分

流比 1:10。进样量:0.8mL。色谱条件:柱温 50℃保持 2min,再以 7℃·min^{-1}升温至 120℃,继续以 12℃·min^{-1}升至 200℃保持 5min。

方法创建好之后保存于相应文件夹中。

(2) 打开 GC-MS Real Time Analysis 软件,调入所建方法文件,点击"样品登录"设定数据保存目录,然后点击"待机"按钮,当 GC 与 MS 均显示"准备就绪"时,即可点击"开始"按钮。

(3) 待 GC-MS 运行完毕后,打开 GCMS Postrun Analysis 软件,观察实验所得的色谱峰与质谱图,处理谱图。

表 4.3 各挥发性有机化合物的相对分子质量和选择离子检测质量数(m/z)

化合物	分子式	相对分子质量	定量离子	参考离子
对溴氟苯	C_6H_4BrF	174	174	176
1,1-二氯乙烯	C_2HCl_2	96	96	61
二氯甲烷	CH_2Cl_2	84	84	49
反-1,2-二氯乙烯	$C_2H_2Cl_2$	96	96	61
顺-1,2-二氯乙烯	$C_2H_2Cl_2$	96	96	61
三氯甲烷	$CHCl_3$	118	83	85
1,1,1-三氯乙烷	$C_2H_3Cl_3$	132	99	97
四氯化碳	CCl_4	152	119	117
苯	C_6H_6	78	78	51
1,2-二氯乙烷	$C_2H_4Cl_2$	98	62	64
三氯乙烯	C_2HCl_3	130	130	132
1,2-二氯丙烷	$C_3H_6Cl_2$	112	63	62
一溴二氯甲烷	$CHCl_2Br$	162	83	85
顺-1,3-二氯丙烯	$C_3H_4Cl_2$	110	75	110
甲苯	C_7H_8	92	92	91
反-1,3-二氯丙烯	$C_3H_4Cl_2$	110	75	110
1,1,2-三氯乙烷	$C_2H_3Cl_3$	132	97	83
四氯乙烯	C_2Cl_4	164	166	164
二溴一氯甲烷	$CHClBr_2$	206	129	127
间、对二甲苯	C_8H_{10}	106	106	91
邻二甲苯	C_8H_{10}	106	106	91
三溴甲烷	$CHBr_3$	250	173	175
对二氯苯	$C_6H_4Cl_2$	146	146	148

五、数据处理

1. 根据得到的色谱图，分别指出 23 种挥发性有机物的保留时间。

2. 由 23 种挥发性有机物标准系列建立各组分标准曲线，并由标准曲线计算样品中 23 种挥发性有机物各组分含量。

六、思考题

简要探讨一下顶空气相色谱质谱法测定水中挥发性有机物的影响因素。

实验 42　超声提取测定土壤中的脂肪酸

一、实验目的

1. 了解土壤中脂肪酸的环境指示意义；

2. 掌握土壤中脂肪酸的提取及测定方法。

二、实验原理

饱和脂肪酸具有一定的抗氧化能力，其化学的稳定性和分子结构的多样性可以获取有机物来源、早期成岩过程沉积物的条件以及不同植被和生态系统气候环境条件，是一类具有重要生源和环境意义的生物标志化合物。土壤中饱和脂肪酸的分布范围一般为 $C_{12} \sim C_{30}$，短链饱和脂肪酸 $C_{12} \sim C_{20}$ 主要来自于低等生物和细菌，长链饱和脂肪酸 $C_{22} \sim C_{26}$ 主要来自陆源高等植物。本实验采用超声波辅助提取土壤中的脂肪酸，用气相色谱-质谱联用仪进行测定。

三、仪器与试剂

1. 仪器

SHIMADZU GCMS-QP2010 Plus 气相色谱-质谱联用仪，配有 Rtx-5MS（30m×0.25mm×0.25μm）石英毛细管柱；数控超声波清洗器；恒温加热磁力搅拌器；KL-512 型氮吹仪，TD4A 型离心机，奥格斯电子天平，漩涡式振荡混合仪，250mL 索氏提取器，150mL 圆底烧瓶，50mL 聚四氟乙烯离心管，12mL、15mL 萃取瓶，磁力搅拌子。

2. 试剂

13 种饱和脂肪酸标准品：十二烷酸（纯度 99.5%）、十三烷酸（纯度 98.5%）、十四烷酸（纯度 99.5%）、十五烷酸（纯度 99.0%）、十六烷酸（纯度 99.5%）、十七烷酸（纯度 99.0%）、十八烷酸（纯度 99.5%）、十九烷酸（纯度 99.0%）、二十烷酸（纯度 99.0%）、二十一烷酸（纯度 99.5%）、二十二烷酸（纯度 99.5%）、二十三烷酸（纯度 97%）、二十四烷酸（纯度 96.5%，德国 Dr.Ehrenstorfer 公司），三氟化硼-甲醇（质量分数 14%，上海安谱科学仪器有限公司）。

正己烷、二氯甲烷、甲醇、丙酮等（均为色谱纯）；氯化钠、无水硫酸钠等（均为优级纯），超纯水。

为了避免实验用品对样品的测定造成污染，整个实验过程中均不使用塑料材质的器皿，且实验过程中接触到的玻璃器皿在使用之前高温焙烧 5h。

四、实验步骤

1. 样品前处理

（1）超声萃取法

称取 10g 土壤样品置于聚四氟乙烯离心管中，缓缓加入 10mL 二氯甲烷-甲醇（9∶1，体积比）混合萃取剂，超声 15min，萃取结束后，将样品放入离心机中在 4000r·min⁻¹ 的条件下离心 10min，重复以上操作 6 次，最终合并萃取液，用旋转蒸发仪将所得提取液浓缩至 1～2mL，使用氮气将此萃取液缓慢吹干。

（2）柱色谱法及甲酯化

分离样品中饱和脂肪酸之前，首先制备色谱柱，具体过程如下：在玻璃柱的底端垫上一团脱脂棉，然后玻璃柱从下至上依次装入无水硫酸钠、10cm 高的硅胶、无水硫酸钠，然后敲实，即可制成硅胶色谱柱。

先用 10mL 三氯甲烷淋洗柱子数分钟赶走其中的气泡，然后将吹干的样品采用 5mL 三氯甲烷溶解，并转移至柱子中，再依次用 8mL 三氯甲烷、8mL 丙酮及 8mL 甲醇淋洗，收集最后的甲醇洗脱液，使用氮气将此甲醇溶液吹干。

加入 1mL 14% 的三氟化硼甲醇溶液至上述吹干的样品中，密封瓶口。70℃下加热 1h，放置冷却 2h。分别按顺序加入 1mL 超纯水，2mL 正己烷，振荡数分钟。静置数分钟，用滴管小心地把上层液体取出，共萃取 4 次。合并萃取液，用无水硫酸除去水分，然后使用氮气吹干。用 1mL 正己烷定容，取 1μL 上机测定。

（3）标准曲线的建立

分别称取 10mg 的标准品溶解在 10mL 正己烷溶液中，配制成 1g·L⁻¹ 的溶液，然后取 2mL 母液用氮气吹干，加 4mL 甲酯化试剂在 70℃下反应 1.5h，再用氮气吹干，加正己烷配制成 50mg·L⁻¹ 的溶液，再用溶剂逐渐稀释成浓度为 1mg·L⁻¹、2mg·L⁻¹、20mg·L⁻¹、50mg·L⁻¹，从而建立标准曲线，上机测定。

2. 上机测试

（1） 打开 GCMS Analysis Editor 软件，创建本次实验方法。方法内容如下：

载气：高纯 He（99.999%）；柱流量：1.2mL·min⁻¹；进样时间：1min，进样口温度（不分流进样）：280℃；升温程序：初温 140℃，保留 2min，再以 14℃·min⁻¹ 升至 300℃，保留 1min。

离子源温度：230℃；接口温度：280℃；溶剂延迟时间：2.2min；定性分析全扫范围：m/z 40～550。

方法创建好之后保存于相应文件夹中。

（2） 将样品置于自动进样其中，打开吹扫捕集仪。

（3） 打开 GCMS Real Time Analysis 软件，调入所建方法文件，点击"样品登录"设定数据保存目录，然后点击"待机"按钮，当 GC 与 MS 均显示"准备就绪"时，即可点击"开始"按钮。

（4） 待 GCMS 运行完毕后，打开 GCMS Postrun Analysis 软件，观察实验所得的色谱峰与质谱图。与标准样品以及标准质谱图库进行对比，分析样品中的组分，对谱图进行分析，处理数据并提交实验报告。

五、数据处理

计算土壤中饱和脂肪酸的浓度。

六、思考题

1. 简述超声萃取法的原理及优缺点。
2. 为什么要对样品进行甲酯化？

实验43　固相微萃取气相色谱-质谱联用
定量检测水样中微量有机磷农药

一、实验目的

1. 了解固相微萃取的原理及应用；
2. 掌握固相微萃取-气相色谱-质谱联用定性定量检测有机磷农药的分析方法。

二、实验原理

有机磷农药种类众多，对地下水、地表水等水资源和土壤环境造成严重污染的同时，对人类健康造成潜在的威胁。气相色谱法是分离有机磷农药的有效手段，固相微萃取是近年来发展起来的一种高效无溶剂的环境友好型样品预处理技术，通常是将少量固定于固体支撑物上的萃取相暴露于样品体系中一段时间，然后直接进行脱附、分析。SPME技术已被广泛应用于分析空气、水、土壤和沉积物样品中污染物的检测。本实验采用固相微萃取技术对样品中微量有机磷农药进行分离富集，用气相色谱-质谱联用仪检测。

三、仪器与试剂

GC-MS-QP2010 Plus气相色谱-质谱联用仪，配有Rtx-5MS（30m×0.25mm×0.25μm）石英毛细管柱，岛津公司生产；商用PA固相微萃取探头，商用SPME进样装置，美国Supelco公司生产；数控超声波清洗器，磁力加热搅拌器，ME235P型十万分之一电子天平（德国sartorius天平）。

五种有机磷的标准溶液：甲拌磷、乙拌磷、甲基对硫磷、对硫磷、马拉硫磷，购于农业部环境保护科研监测所，浓度均为50mg·L^{-1}。超纯水，丙酮（色谱纯），顶空瓶（12mL）若干，磁力搅拌子若干。

四、实验步骤

1. 标准曲线的建立

将五种有机磷标准（甲拌磷、乙拌磷、甲基对硫磷、对硫磷和马拉硫磷，浓度数量级为50mg·L^{-1}）用丙酮稀释（稀释浓度数量级为1mg·L^{-1}）。然后再用超纯水逐级稀释至浓度分别为1μg·L^{-1}、2μg·L^{-1}、5μg·L^{-1}、8μg·L^{-1}、10μg·L^{-1}的标准溶液。将配制好的标准溶液，转移5mL于12mL的顶空瓶中，在室温条件下，将SPME探头浸入顶空瓶溶液中，在1000r·min^{-1}磁力搅拌下萃取40min，然后，将探头置于进样口解吸6min。

2. 样品处理与测定

水样先用定性滤纸过滤，除去水中的悬浮生物和泥沙，再经 $0.45\mu m$ 微孔滤膜过滤，取 500mL 水样加入 3mL 10% 盐酸，转移 5mL 于 12mL 的顶空瓶中，在 30℃ 条件下，将 SPME 探头浸入顶空瓶溶液中，在 $1000r \cdot min^{-1}$ 磁力搅拌下萃取 40min，然后，将探头置于 GC 进样室解吸 6min。

3. 上机测试步骤

（1）打开 GCMS Analysis Editor 软件，创建本次实验方法。

方法内容如下：

GC 条件——柱箱温度：60℃；进样温度：270℃；进样模式：不分流；压力：100kPa；载气：高纯 He（99.999%）；总流量：$50.0mL \cdot min^{-1}$；柱流量：$1.61mL \cdot min^{-1}$；线速度：$46.3cm \cdot s^{-1}$；升温程序：60℃ 保持 1min，以 $40℃ \cdot min^{-1}$ 速度从 60℃ 升到 110℃，再以 $5℃ \cdot min^{-1}$ 速度从 110℃ 升到 190℃，再以 $3℃ \cdot min^{-1}$ 速度从 190℃ 升到 210℃，再以 $5℃ \cdot min^{-1}$ 速度从 210℃ 升到 220℃，再以 $40℃ \cdot min^{-1}$ 速度从 220℃ 升到 265℃。

MS 条件——离子源温度：200℃；接口温度：250℃；采集方式：SIM，以峰面积定量。方法创建好之后保存于相应文件夹中。

（2）打开 GCMS Real Time Analysis 软件，调入所建方法文件，点击"样品登录"设定数据保存目录，然后点击"待机"按钮，当 GC 与 MS 均显示"准备就绪"时，将探头置于 GC 进样室解吸 6min。

（3）待 GCMS 运行完毕后，打开 GCMS Postrun Analysis 软件，观察实验所得的色谱峰与质谱图。与标准样品以及标准质谱图库进行对比，分析样品中的组分，对谱图进行分析，处理数据并提交实验报告。

五、数据处理

对谱图进行分析，采用外标法计算样品中分析物的含量。

六、思考题

简述固相微萃取样品前处理方法的优点。

实验 44 顶空固相微萃取气相色谱-质谱法测定水样中多环芳烃

一、实验目的

1. 了解顶空固相微萃取样品前处理方法；
2. 掌握顶空固相微萃取-气相色谱-质谱法测定水体中多环芳烃的分析方法。

二、实验原理

多环芳烃（Polyeyclie Aromatie Hydroearbons，PAHs）是指两个或两个以上苯环的碳氢化合物的总称。多环芳烃是石油、煤等燃烧，以及木材、天然气、汽油、纸张、秸秆、烟草等碳氢化合物的物质经不完全燃烧，或在还原性气氛中分解生成的。地面水中的多环芳烃污染源主要是工业废水，城市地下污水中也有部分多环芳烃，主要是由于地下水道系统中混入了工业废水。

多环芳烃是一种常见的有机污染物，可通过气相色谱法进行样品分析，但在分析之前必须进行样品前处理，固相微萃取是近年来发展起来的一种高效无溶剂的样品预处理技术，是一种环境友好型样品前处理技术，由于待测物具有一定的挥发性，本实验采用顶空固相微萃取采集水样中 8 种特定多环芳烃，顶空萃取是将萃取纤维插入到溶液上部的空气中，这种方式能有效避免一些大分子的干扰，然后直接上机测定。

三、仪器与试剂

GC-MS-QP2010 Plus 气相色谱-质谱联用仪，配有 Rtx-5MS（$30m \times 0.25mm \times 0.25\mu m$）石英毛细管柱，商用 PDMS 固相微萃取探头，商用 SPME 进样装置，美国 Supelco 公司生产，数控超声波清洗器，磁力加热搅拌器，14mL 顶空瓶，磁子，ME235P 型十万分之一电子天平（德国 Sartorius 天平）。

八种多环芳烃标准溶液（购于美国 Accustandard 公司，$2000mg \cdot L^{-1}$，二氯甲烷 50%＋甲醇 50%），超纯水。

四、分析步骤

1. 标准溶液的配制

将八种多环芳烃（萘、苊烯、苊、芴、菲、蒽、荧蒽、芘浓度数量级为 $2000mg \cdot L^{-1}$）用甲醇逐级稀释（稀释浓度数量级为 $1mg \cdot L^{-1}$），然后再用超纯水逐级稀释至浓度分别为 $0.1\mu g \cdot L^{-1}$、$0.5\mu g \cdot L^{-1}$、$2\mu g \cdot L^{-1}$、$8\mu g \cdot L^{-1}$、$10\mu g \cdot L^{-1}$ 的标准溶液。将配制好的标准溶液，转移 5mL 于 12mL 的顶空瓶中，加入 2g NaCl 在 50℃ 条件下，将 SPME 探头浸入顶空瓶溶液中，在 $1000r \cdot min^{-1}$ 磁力搅拌下萃取 40min，然后，将探头置于进样口解吸 6min。

2. 制备样品溶液

水样先用定性滤纸过滤，除去水中的悬浮生物和泥沙，再经 $0.45\mu m$ 微孔滤膜过滤，取 500mL 水样加入 3mL 10% 盐酸，转移 5mL 于 12mL 的顶空瓶中，在 50℃ 条件下，将 SPME 探头插入顶空瓶溶液上层气体中，在 $1000r \cdot min^{-1}$ 磁力搅拌下萃取 40min，然后，将探头置于 GC 进样口解吸 5min。

3. 上机测试步骤

（1）打开 GCMS Analysis Editor 软件，创建本次实验方法。方法内容如下：

载气为高纯氦（99.999%），流量 $1mL \cdot min^{-1}$；进样口温度 280℃；进样方式为不分流进样；柱温：初温 50℃，不保持，以 $40℃ \cdot min^{-1}$ 升至 130℃，再以 $20℃ \cdot min^{-1}$ 升至 230℃，再以 $2℃ \cdot min^{-1}$ 升至 236℃；接口温度 250℃；离子源温度 250℃。

方法创建好之后保存于相应文件夹中。

（2）打开 GC-MS Real Time Analysis 软件，调入所建方法文件，点击"样品登录"设定数据保存目录，然后点击"待机"按钮，当 GC 与 MS 均显示"准备就绪"时，将探头置于 GC 进样室解吸 5min，测定。

五、数据处理

待 GCMS 运行完毕后，打开 GCMS Postrun Analysis 软件，观察实验所得的色谱峰与质谱图。与标准样品以及标准质谱图库进行对比，分析样品中的组分，对谱图进行分析，处理数据。分别计算水样中八种多环芳烃的浓度。

六、思考题

简要叙述顶空固相微萃取与固相微萃取样品前处理方法的不同点以及各自的优点。

实验 45　六种苯酚类化合物的高效液相色谱法测定

一、实验目的

1. 了解苯酚类化合物的性质及环境意义；
2. 掌握利用高效液相色谱法测定环境水样中苯酚类化合物的分析方法。

二、实验原理

酚类化合物是当今世界上危害大、污染范围广的一类工业污染物，是水体环境的重要污染源之一。含酚废水不仅给人类健康带来严重威胁，也对动植物产生危害，破坏生态平衡。高效液相色谱法可以将苯酚类化合物进行有效分离，从而实现苯酚类物质的定性和定量分析。

三、仪器与试剂

高效液相色谱仪带紫外检测器，恒流梯度泵系统；色谱柱 Waters Symmetry® C_8，4.6mm×250mm，粒径 5μm 或性质相似的色谱柱；针头过滤器孔径 0.45μm，直径 13mm，有机系；固相萃取装置；真空泵；采样瓶；氮吹仪；微量注射器。

去离子水；流动相为水（含 1%乙酸）和乙腈混合液；碳酸氢钠溶液（$c=0.05$mol·L^{-1}）；硫代硫酸钠；乙腈、甲醇（HPLC 级）。丙酮（农残级）；乙酸、盐酸；苯酚、对硝基苯、间甲酚、2,4-二氯酚、2,4,6-三氯酚、五氯酚六种的混合标准溶液；GDX-502 树脂（使用前用丙酮浸泡数日，数次更换新溶剂到丙酮无色。再用乙腈回流提取 6h 以上。纯化后的树脂密封保存在甲醇中备用）。替代物标准（2-氟苯酚和 2,4,6-三溴苯酚混合标准溶液）。

四、实验步骤

1. 色谱操作条件

紫外检测器：双波长检测，检测波长 280nm 和 290nm。柱温 35℃。

流动相组成：A 泵，99%水+1%乙酸；B 泵，乙腈。

流动相流量：1mL·min^{-1}，恒流；梯度洗脱。

洗脱程序见表 4.4。

表 4.4 洗脱程序

时间/min	流动相 A	流动相 B
0.00	70%	30%
7.00	30%	70%
9.00	30%	70%
15.00	20%	80%
22.00	70%	30%
30.00	70%	30%

2. 样品采集与保存

水样采集必须采集在玻璃容器中,在采样点采样及盖好瓶塞时,样品瓶要完全注满,不留空气。若水中有残余氯存在,采样后 7d 内完成提取,40d 内完成分析。

3. 水样预处理

用孔径 0.45μm 的玻璃纤维滤膜,去除水中机械杂质。根据水中酚类化合物含量,取水样 50～1000mL,加入 2-氟苯酚和 2,4,6-三溴苯酚等替代物标准,用 6mol·L^{-1} HCl 调至 pH=2。水样以 10mL·min^{-1} 的流速流经已活化的 GDX-502 固相萃取柱。当水样完全流过柱子后,用 0.05mol·L^{-1} 碳酸氢钠溶液 10mL 淋洗柱子。用氮气或空气将柱中水分抽干。用 4mL 每次 1mL 淋洗小柱,前两次淋洗需在柱中平衡 10min,后两次平衡 2min,合并淋洗液,最终用乙腈定容。0.45μm 有机相滤膜过滤,HPLC 分析。

4. 校准曲线(1.0μg·mL^{-1}、2.0μg·mL^{-1}、5.0μg·mL^{-1}、8.0μg·mL^{-1}、10.0μg·mL^{-1} 的标准曲线)

(1)定性分析。以样品保留时间和标样保留时间相比较来定性。根据标准色谱图各组分的保留时间,确定出被测样品中目标分析物数目和名称。对有检出的样品需用其他方法确定。

(2)定量分析。每个工作日必须测定一种或几种浓度的标准曲线或响应因子。若某一化合物的响应值与预期值间的偏差大于 10%,则必须用新的标准对化合物绘制新的标准曲线或求出新的响应因子。使用紫外检测器时,6 种酚类的最大吸收波长不同,为提高分析灵敏度,苯酚、间甲酚采用 280nm 波长定量;对硝基酚、2,4-二氯酚、2,4,6-三氯酚、五氯酚采用 290nm 波长定量,计算公式如下:

$$\rho_x = \frac{h_x \rho_s}{h_s K} \tag{4.4}$$

式中,ρ_x 为水样中目标化合物的浓度,mg·L^{-1};h_x 为测定溶液中目标化合物的峰高,mm;ρ_s 为标准溶液中目标化合物的浓度,mg·L^{-1};h_s 为标准溶液中目标化合物的峰高,mm;K 为浓缩倍数。

五、数据处理

根据式(4.4)分别计算水样中 6 种苯酚类化合物的浓度。

六、思考题

简要叙述液相色谱和气相色谱各自测定有机物的优缺点。

实验 46 水样中苯胺类化合物的测定

一、实验目的

1. 了解苯胺类化合物的性质及环境意义；
2. 掌握利用高效液相色谱法测定环境水样中苯胺类化合物的分析方法。

二、实验原理

苯胺类化合物是致癌物质，它对环境造成的污染随着它的广泛应用而日趋严重。在我国，苯胺类化合物也被列为环境重点污染物并制定了最高容许排放浓度。高效液相色谱法可以将苯胺类化合物进行有效分离，从而实现苯胺类物质的定性和定量分析。

三、仪器与试剂

高效液相色谱仪：具紫外检测器；KD 浓缩器：具 1mL 刻度的浓缩瓶；分液漏斗250mL，带聚四氟乙烯旋塞；无水硫酸钠（300℃烘 4h 备用）；氯化钠（300℃烘 4h 备用）；乙酸铵；甲醇；乙酸；恒温水浴锅；二氯甲烷。

硅酸镁净化柱（柱长 35cm，内径 12mm。称量硅酸盐 3g，滴加 0.15g 异丙醇并在振荡器上振荡 5min。装填色谱柱，先将少量玻璃棉填入玻璃色谱柱下端，用 2～3mL 正己烷润湿柱内壁，在小烧杯中用环己烷将硅酸镁制成匀浆，以湿法装柱，柱顶铺少量无水硫酸钠，放出柱中过量的正己烷至填料的界面以上）。

四、实验步骤

1. 样品制备样品

（1）采集与保存

样品采集与保存 1000mL 水样，储存于棕色玻璃瓶中，水样中的苯胺类化合物易于降解，应尽快分析。采集的水样若是不能及时分析，应保存于 4℃ 的冰箱中；采样后应在 24h内进行萃取，萃取后的试样在 40d 内分析完毕。

（2）样品预处理

取 100mL 水样（地表水和地下水取 1000mL），用 1mol·L^{-1} NaOH 调至 pH 11～12，加入 5g 氯化钠。将水样转入 250mL 分液漏斗中，加入 10mL 二氯甲烷充分摇匀，萃取2min，用无水硫酸钠过滤脱水，收集有机相于鸡心瓶中，重复萃取两次，合并有机相，用KD 浓缩器将萃取液浓缩至 0.5mL 左右，用甲醇溶液定容至 1.00mL，待色谱分析（若有杂质干扰测定，可将浓缩液经硅酸镁柱进行净化）。

（3）萃取液的净化

将试液移至装有活化的硅酸镁色谱柱床的顶部，以适量正己烷洗净浓缩瓶，并淋洗色谱柱，再用甲醇淋洗色谱柱，用浓缩瓶接取 25mL 淋洗液，在 KD 浓缩器上浓缩至 1.00mL，待色谱分析用（或将浓缩液转移至自动进样器专用进样小瓶中，封口后待分析）。

（4）标准曲线的绘制

标准储备液（苯胺、对硝基苯胺、间硝基苯胺、邻硝基苯胺、2,4-二硝基苯胺，

$1000mg \cdot L^{-1}$）：称取标准试剂各 100mg，分别置于 100mL 容量瓶中，用甲醇定容。

标准中间溶液（$100mg \cdot L^{-1}$）：分取储备液各 10.0mL，置于 100mL 容量瓶中，用甲醇稀释至刻度。

标准校准溶液：根据液相色谱紫外检测器的灵敏度及线性要求，用甲醇分别稀释中间溶液，配制成几种不同浓度的标准溶液，在 2～5℃避光储存，现用现配。

分别取 $100mg \cdot L^{-1}$ 的苯胺类化合物混合标样 0、$10\mu L$、$50\mu L$、$100\mu L$、$250\mu L$、$500\mu L$、$1000\mu L$，用甲醇溶至 1mL，使标样浓度分别为 0、$1mg \cdot L^{-1}$、$5mg \cdot L^{-1}$、$10mg \cdot L^{-1}$、$25mg \cdot L^{-1}$、$50mg \cdot L^{-1}$、$100mg \cdot L^{-1}$，根据 HPLC 测定结果绘制标准曲线。

2. 上机测试

色谱操作条件：

色谱柱：Zorbax ODS 250mm×4.6mm 不锈钢柱。

流动相：$0.05mol \cdot L^{-1}$ 乙酸铵-乙酸缓冲液＋甲醇（65＋35）的混合液。

流速：$0.8mL \cdot min^{-1}$。

紫外检测波长：285nm。

进样量：$10\mu L$。

调试液相色谱仪，使之正常运行并能达到预期的分离效果，预热运行至获得稳定的基线；分别测定标准溶液及样品，记录色谱保留时间和响应值。

五、数据处理

采用标准工作溶液单点外标峰高和峰面积计算法，计算水样中各组分的浓度。

六、思考题

试解释试验中硅酸镁色谱柱的主要作用。

实验 47　苯、甲苯、萘的高效液相色谱定量分析

一、实验目的

1. 了解反相高效液相色谱法的基本原理；
2. 掌握反相高效液相色谱法测定苯系物的分析方法。

二、实验原理

在液相色谱中，采用非极性固定相、极性流动相的色谱法称为反相色谱。苯、甲苯、萘在色谱柱上的作用力大小不等，不同组分的分配比不同，在柱内的移动速率不同，因而先后流出，得到分离。

液相色谱法最直接的定量方法是配制一系列组成与试样相近的标准溶液，按标准溶液色谱图，可求出每个组分浓度与相应峰面积的校准曲线。在相同的色谱条件下得到试样色谱图相应组分峰面积，根据校准曲线可求出其浓度。

三、仪器与试剂

L600-DP6 型高效液相色谱仪，L600-UV6 型检测器；C$_{18}$（5μm×4.6mm×150mm）型色谱柱；紫外检测器吸收波长 254nm；流动相组成为甲醇：水（超纯水）＝90：10（体积比），流速：1mL·min^{-1}；进样体积：20μL。

四、实验步骤

1. 标准储备液的配制：苯、甲苯分别用甲醇稀释，萘用甲醇溶解。标准溶液浓度：苯 0.1%（体积分数）、甲苯 0.1%（体积分数）、萘 1000mg·L^{-1}。

2. 标准系列溶液的配制：分别准确移取一定量苯、甲苯、萘储备液于样品瓶中，加甲醇定容，配制成标准系列。苯和甲苯的浓度分别为 0.001%、0.002%、0.004%、0.008%（体积分数）；萘的浓度为 1mg·L^{-1}、2mg·L^{-1}、4mg·L^{-1}、8mg·L^{-1}。

3. 样品溶液的制备：取含苯、甲苯、萘的混合样品稀释 10 倍。

4. 上机测试

（1）打开仪器电源，按要求设置好流动相的组成、流速、检测波长。

（2）运行电脑中的工作站，建立一个方法。通入流动相，使色谱柱充分平衡，直到压力变化幅度很小。

（3）等待基线稳定，把装有 20μL 苯标准溶液的进样器放入六通阀中，对检测器调零，待仪器稳定后，把六通阀转到"Inject"位置，同时注射进样器中的溶液。

（4）重复步骤（3），分别注入 20μL 甲苯、萘的标准溶液。

（5）重复步骤（3），注入 20μL 样品溶液。

（6）打印出实验数据，比较标准溶液和样品中各组分的色谱峰，记录相关结果，处理并提交实验报告。

（7）关机。

五、数据处理

根据标准曲线求出样品中苯、甲苯、萘的含量。

六、思考题

使用高效液相色谱测定有机物之前为什么要先排气泡？

实验 48　高效液相色谱法定量分析茶叶中的咖啡因

一、实验目的

1. 了解茶叶中咖啡因的提取方法；
2. 掌握高效液相色谱法测定咖啡因的分析方法。

二、实验原理

咖啡因又称咖啡碱，是由茶叶或咖啡中提取而得的一种生物碱，它属黄嘌呤衍生物，化学名称为 1,3,7-三甲基黄嘌呤。其分子式为 $C_8H_{10}O_2N_4$，结构式为：

　　用反相高效液相色谱法将饮料中的咖啡因与其他组分（如单宁酸、咖啡酸、蔗糖等）分离后，可直接用保留时间 t_R 定性，用峰面积 A 作为定量测定的参数，采用工作曲线法（即外标法）测定饮料中的咖啡因含量。

三、仪器与试剂

　　1. PE-200 型高效液相色谱仪，785A 型紫外检测器；C_{18}（$5\mu m \times 4.6mm \times 150mm$）型色谱柱；紫外检测器测定波长 260nm。

　　2. 流动相：20％甲醇＋80％水，1L。制备前，先调节水的 pH≈3.5，进入色谱系统前，用超声波发生器或水泵脱气 5min。

　　3. 咖啡因标准试剂。

　　4. 微量注射器：$25\mu L$。

四、实验步骤

　　1. 待测样品溶液的制备：将茶叶置于 80℃ 烘箱中烘干，然后将茶叶磨碎，准确称取一定量茶叶于 250mL 锥形瓶中，加入 100mL 沸蒸馏水，超声提取，静置过夜，取上清液定容于 500mL 容量瓶中，用 $0.45\mu m$ 有机相滤膜过滤，即得样品溶液，供 HPLC 分析。

　　2. 标准储备液的配制：准确称取 25.0mg 咖啡因标准试剂，用配制的流动相溶解，转入 100mL 容量瓶中，稀释至刻度。

　　3. 用标准储备液配制浓度分别为 $25\mu g \cdot mL^{-1}$、$50\mu g \cdot mL^{-1}$、$75\mu g \cdot mL^{-1}$、$100\mu g \cdot mL^{-1}$、$125\mu g \cdot mL^{-1}$，的系列标准溶液。

　　4. 启动泵，打开检测器，设置泵的参数，流动相组成为甲醇：水＝20：80；流速为 $1.0mL \cdot min^{-1}$。

　　5. 运行电脑中的工作站，用 QuickStart 法迅速建立一个方法。泵入流动相，使色谱柱被流动相充分平衡，直到压力变化幅度很小。

　　6. 等待基线稳定，将装有 $10\mu L$ $25\mu g \cdot mL^{-1}$ 标准溶液的注射器放入六通阀中并注射溶液，待检测器调零，仪器稳定后，把六通阀转到"Inject"位置进样。

　　7. 重复步骤 6，注入 $10\mu L$ $50\mu g \cdot mL^{-1}$、$75\mu g \cdot mL^{-1}$、$100\mu g \cdot mL^{-1}$、$125\mu g \cdot mL^{-1}$ 标准溶液。

　　8. 重复步骤 6，注入 $10\mu L$ 样品溶液。

　　9. 分别打印出色谱报告，比较标准溶液和样品中各组分的色谱峰，记录并分析相关结果。

　　10. 关机。

五、数据处理

　　1. 分析得到的色谱报告，指出样品中咖啡因的保留时间 t、峰宽 W 和峰高 h。

2.根据咖啡因标准系列溶液所得的色谱数据，绘制标准曲线，并计算茶叶中咖啡因含量（质量分数）。

六、思考题

高效液相色谱测定有机物有哪几种定量方法？

实验49　归一化法测定农药标准物质中有效成分的百分含量

一、实验目的

1.了解色谱法归一化定量分析的条件；
2.掌握高效液相色谱归一化定量测定农药标准物质中有效成分的百分含量。

二、实验原理

对农药标准物质有效成分百分含量的准确测定是评价标准物质是否有效的重要指标，一般有效成分损失 0.1% 以上则可判断该种标准物质已发生了变质，不能继续使用。

归一化法是将所有出峰组分的含量之和按 100% 计算的定量分析方法，当样品中所有组分都可以在液相色谱中出峰时，其中 i 的质量分数 w_i 可用下式计算：

$$w_i = A_i f_i / (A_1 f_1 + A_2 f_2 + A_3 f_3 + \cdots + A_n f_n) = A_i f_i / \sum_{i=1}^{n} A_i f_i \qquad (4.5)$$

式中，f_i 为组分定量校正因子。

三、仪器与试剂

Agilent 1220 高效液相色谱仪；电子天平。

标准物质：甲基对硫磷［GBW（E）060874］、毒死蜱［GBW（E）060871］；均为固体。

甲醇（作色谱流动相及样品溶液的溶剂，色谱纯）。

四、实验步骤

1.色谱条件

色谱柱：Kromasil C_{18}，$5\mu m \times 150mm \times 4.6mm$。

流动相：90% 甲醇（色谱纯）＋10% 超纯水；流动相进入色谱系统前，用超声波发生器脱气 10min。

流速：$1.2mL \cdot min^{-1}$；检测器：UV（紫外检测器）；检测波长：280nm；进样量：$20\mu L$。

2.样品溶液的配制

称量 3 份甲基对硫磷标准物质，每份 4mg，分别加入 1mL 试剂瓶中，加入 1mL 色谱纯的甲醇，混匀溶解后待用。

毒死蜱同此操作。

3.样品测定

（1）打开仪器。

（2）打开工作站软件，在控制界面打开泵、恒温箱和紫外灯，调节恒温箱温度至室温，调节紫外灯波长为 280nm（若有添加流动相则在打开软件后在"泵设置"—"瓶填充"中进行容量更新）。

（3）打开三通阀，将流量调为 3.0mL·min^{-1}，甲醇：水＝50：50，并保持 5min，进行脱气处理。

（4）脱气处理完成后，调节流量为 1.2mL·min^{-1}，甲醇：水＝90：10，将三通阀与色谱柱流路连接，调整仪器至稳定状态。

（5）将六通阀置于"Load"，将进样针洗针、排气泡，用进样针抽取稍多于 20μL 进样，不拔出针，将六通阀转到"Inject"再拔出进样针。

（6）谱图走至 15min 停止检测。

（7）对样品进行进样，重复（5）、（6），每个样品测量 3 次，测量 3 个平行样品。

（8）检测结果的分析处理。

五、数据处理

待试样中所有组分全部洗出，在检测器上产生相应的色谱峰响应，并根据已知的相对定量校正因子，用式（4.5）进行各组分含量的计算。

六、思考题

1. 如何选择合适的色谱柱？
2. 使用归一化法的要求是什么？归一化法有什么优点和不足？

实验 50　水样中不同砷形态的分离与测定

一、实验目的

1. 了解高效液相色谱-氢化物发生-原子荧光光谱仪的工作原理；
2. 掌握水样中砷的形态分析方法。

二、实验原理

砷及其化合物毒性和生物有效性及迁移释放活性与其赋存状态密切相关，不同形态的砷环境毒理学性质相差迥异，砷总量的测定不足以评价其毒性、有益性以及生物有效性，甚至有可能产生误导。因此，测定砷元素在特定样品中的存在形态，才能可靠评价其对环境和生态体系的影响。

本实验采用高效液相色谱-氢化物发生-原子荧光光谱法（HPLC-HG-AFS）分离测定亚砷酸根 [As(Ⅲ)]、砷酸根 [As(Ⅴ)]、一甲基砷酸（MMA）、二甲基砷酸（MMA）四种砷的形态。

三、仪器及试剂

AFS-933 原子荧光光度计及 SA-10 形态分析仪（北京吉天仪器有限公司）；阴离子交换柱：Hamilton PRP-X100（250mm × 4.1mm × 10μm）；保护柱：Hamilton PRP-X100

$[25mm \times 2.3mm \times (12 \sim 20) \mu m]$。

pH 酸度计（德国梅特勒-托利多），砷空心阴极灯，微量注射器（$100 \mu L$）。

四、实验步骤

1. 单标的配制

分别准确移取四种砷的标准储备液 1.00mL 于 10mL 的比色管中，用超纯水稀释至 10.00mL，摇匀待用。配成浓度分别为 $100 \mu g \cdot L^{-1}$ 的砷的四种不同形态的标准溶液。

2. 混合标准溶液的配制

分别准确移取四种砷的标准储备液 2.00mL 于 10mL 的比色管中，用超纯水稀释至 10.00mL。配制成浓度为 $200 \mu g \cdot L^{-1}$ 的砷的混合标准溶液，摇匀待用。

3. 混合标准系列的配制

分别移取 0.40mL、0.80mL、1.20mL、1.60mL、2.00mL $200 \mu g \cdot L^{-1}$ 的砷的混合标准溶液，用超纯水定容至 4mL，配制成浓度分别为 $20 \mu g \cdot L^{-1}$、$40 \mu g \cdot L^{-1}$、$60 \mu g \cdot L^{-1}$、$80 \mu g \cdot L^{-1}$、$100 \mu g \cdot L^{-1}$ 砷的混合标准溶液，分别摇匀待用。

砷形态混合标准系列溶液的配制见表 4.5。

表 4.5 砷形态混合标准系列溶液的配制

配制 10mL 浓度均为 $200 \mu g \cdot L^{-1}$ 的混标					
原液浓度 $1 \mu g \cdot mL^{-1}$	As(Ⅲ)	As(Ⅴ)	DMA	MMA	H_2O
取样量/mL	2	2	2	2	2
用 $200 \mu g \cdot L^{-1}$ 混标，配制一系列不同浓度的混合标准溶液					
混标的浓度/$\mu g \cdot L^{-1}$	20	40	60	80	100
加入 $200 \mu g \cdot L^{-1}$ 混标量/mL	0.40	0.80	1.20	1.60	2.00
加入水体积/mL	3.60	3.20	2.80	2.40	2.00
定容总体积/mL	4.00	4.00	4.00	4.00	4.00

4. 分离测定

第一步：打开氩气瓶开关，调整分压表压力在 $0.2 \sim 0.3$，所需的试剂放到对应的管路，排废管置于废液桶。

第二步：点击屏幕下方的 p/s 按钮，使蠕动泵运行（注意观察溶液是否正常进入泵管）。

第三步：点击软件上的测量按钮，开始进行测定。待基线至平稳时后，开始注射标准溶液，先测定砷形态的单标，根据各个形态的保留时间进行定性，然后再测定砷的混合标准系列，水样（经 $0.45 \mu m$ 滤膜过滤），进行定量分析。

五、数据处理

计算机拟合出 I_{F}-c 标准曲线，并求出水样中 As 的含量。

六、思考题

1. 根据不同形态砷的单标的保留时间，确定每种形态对应的峰。

2. 为什么浓度相同、形态不同的砷信号大小不同？

附　　录

附录 1　TAS-990F 型火焰原子吸收分光光度计操作规程

1. 开机顺序

①打开抽风设备，打开稳压电源，打开计算机电源，进入 Windows XP 操作系统。②打开 TAS-990 火焰型原子吸收主机电源，双击 TAS-990 程序图标"AAwin"，选择"联机"，单击"确定"，进入仪器自检画面。③等待仪器各项自检"确定"后进行测量操作。

2. 测量操作步骤

(1) 选择元素灯及测量参数

①选择"工作灯（W）"和"预热灯（R）"后单击"下一步"。②设置元素测量参数，可以直接单击"下一步"。③进入"设置波长"步骤，单击"寻峰"，等待仪器寻找工作灯最大能量谱线的波长。寻峰完成后，单击"关闭"，回到寻峰画面后再单击"关闭"。④单击"下一步"，进入完成设置画面，单击"完成"。

(2) 设置测量样品和标准样品

①单击"样品"，进入"样品设置向导"，选择"浓度单位"；②单击"下一步"，进入标准样品界面，根据所配制的标准样品设置标准样品的数目及浓度；③单击"下一步"，进入"辅助参数"选项，一般可以直接单击"下一步"；④单击"完成"，结束样品设置。

(3) 点火步骤

①选择"燃烧器参数"，输入燃气流量为 1500mL·min^{-1} 以上；②检查液位检测装置里是否有水；③打开空压机，空压机压力须达到 0.22～0.25MPa；④打开乙炔，调节分表压力为 0.07～0.08MPa；⑤单击"点火"，观察火焰是否点燃（如果第一次没有点燃，等待 5～10s 再重新点火）；⑥火焰点燃后，把进样吸管放入蒸馏水中 5min 后，单击"能量"，选择"能量自动平衡"调整能量到 100%。

(4) 测量步骤

① 标准样品测量把进样吸管放入空白溶液，单击"校零"键，调整吸光度为零；单击"测量"键，进入测量界面（在屏幕右上角）。依次吸入标准样品（浓度必须从低到高）。注意：在测量中一定要注意观察测量信号曲线，直到曲线平稳后再按测量键"开始"，自动读数三次完成后再把进样吸管放入蒸馏水中，冲洗几秒钟后再读下一个样品。做完标准样品后，把进样吸管放入蒸馏水中，单击"终止"按键。把鼠标指向标准曲线图框内，单击右键，选择"详细信息"，查看相关系数 R 是否合格。如果合格。进入样品测量。

② 样品测量把进样吸管放入空白溶液，单击"校零"键，调整吸光度为零；单击"测量"键，进入测量界面（屏幕右上角）。吸入样品，单击"开始"键测量，自动读数三次完成一个样品测量。注意事项同标准样品测量方法。

③ 测量完成若需要打印，单击"打印"，根据提示选择需要的打印结果；若需要保存结

果，单击"保存"，根据提示输入文件名称，单击"保存（s）"按钮。以后可以单击"打开"调出此文件。

④ 结束测量。若需要测量其他元素，单击"元素灯"，操作同上（2. 测量操作步骤）；若要结束测量，一定要先关闭乙炔，待到计算机提示"火焰异常熄灭，请检查乙炔流量"数分钟后再关闭空压机。按下放水阀，排除空压机内水分。

3. 关机顺序

退出 TAS-990 程序。若程序提示"数据未保存，是否保存"，根据需要进行选择。程序出现提示信息后单击"确定"退出程序。关闭主机电源，关闭计算机电源和稳压器电源。15min 后再关闭抽风设备，盖上仪器罩布，关闭实验室总电源。

4. 注意事项

① 工作环境要求在温度 15～30℃；相对湿度 30%～70%；防酸气侵蚀和强磁场干扰。

② 测试应从空白（去离子水）开始。

③ 在标准曲线测量中，测完所有标样后，应用空白溶液重新调零。

④ 在排风良好的吸风罩下工作，以防有害气体及燃烧不完全的乙炔可能带来的危险。

⑤ 排废液的塑料管中加少量水。构成水封。废液管不要插入废液桶液面下。

⑥ 实验结束后立即关闭乙炔钢瓶总阀。乙炔气源附近严禁明火或过热高温物体存在。

⑦ 关闭空气压缩机前应放水气。

⑧ 除必要的调节外，不要拨动其他开关、按钮和部件，以避免实验条件的改变而影响实验结果或损坏仪器。

⑨ 除专业维修人员外，不要擅自拆开仪器。

附录 2　TAS-990G 型石墨炉原子吸收光谱仪操作规程

1. 开机

（1）拿去仪器罩，打开氩气钢瓶调节出口压力为 0.5MPa 左右，打开冷却水；放置被测元素的空心阴极灯。

（2）打开电源（稳压器），依次打开计算机电源，自动启动完 Windows（DOS）后，再打开仪器电源开关和石墨炉开关，启动 AAWin 系统，选择联机。系统很快就会进入初始化，初始化成功"OK"（确定）。每次开机都必须经过初始化才能控制仪器。

（3）初始化完成后，在"选择工作灯及预热灯"窗口中单击"工作灯"下拉框，选择要用的工作灯元素，在"预热灯"下拉框中选择预热灯元素；然后单击"下一步"按钮。

2. 检测

（1）初始化后出现元素灯选择窗口，如需更改元素灯可以根据需要进行选择。

（2）选择元素灯后，系统将会弹出被调整元素灯参数对话框，根据需要进行相关的参数设置。设置好参数后，下一步进行相应的元素灯寻峰。

（3）单击"寻峰"按钮对当前工作波长进行寻峰。如需要对当前元素的其他特征波长进行寻峰，可在"特征谱线"下拉框中选择相应的波长。

3. 石墨炉调整

寻峰结束后，程序进入了系统测试状态，选择系统菜单"仪器"下的"原子化器位置"调节滚动条，单击"执行"并观察能量使能量达到最大值，达到能量最大值后单击"确定"。

再调节原子化器的上下位置，亦使能量达到最大。（注：在火焰状态下寻峰切换到石墨炉后能量最好能够达到 80% 左右，一般情况下可以少量调节原子化器高度观察能量是否增加，如果低于 40% 请检查石墨炉是否有挡光物，位置和高度是否调节到最佳，石墨管是否安装正常）

4. 相关设置

（1）元素灯电机与波长电机"＋""－"正反转电机到能量最大，再选择"能量自动平衡"调整能量到 100% 左右。

（2）单击"参数设置"选择"信号处理"。选择计算方式峰高、滤波系数 0.1。

（3）石墨炉加热程序设置：选择"加热"快捷键根据样品的需要，具体设置各步加热条件（干燥、灰化、原子化、净化温度），冷却时间至 25s 以上，具体设置数值请查询分析手册或说明书。

（4）设置测量样品和标准样品。

5. 测量步骤（先打开石墨炉电源，打开氩气，打开水源，测量前先点击开始，空烧一下）

（1）标准样品测量：用微量进样器吸入 10μL 各个标准样品，单击"测量"键，进入测量画面，单击"开始"键测量，完成一个个标准样品的测量。

（2）样品测量：用微量进样器吸入 10μL 样品，单击"测量"键，进入测量画面，单击"开始"键测量。

6. 结束测量

（1）如果需要测量其他元素，单击"元素灯"操作如上。

（2）完成测量后，请关闭氩气、水源、电源，切换回火焰状态。

（3）关机时退出 AA 系统，再关闭主机，最后关闭电源。

附录 3　PF6 型氢化物发生-原子荧光光度计操作规程

1. 打开氩气瓶减压阀，分压表调至 0.2MPa 左右；

2. 更换所需元素灯，打开仪器主机电源，打开 PFWin 操作软件；

3. 检查元素灯光斑对正情况、原子化器高度等；

4. 按要求设置炉温（160～200℃）并应用，点击"控温"和"点火"按钮；

5. 按要求设置参数，设置自动进样程序，载液空白位置设为 255，其他位置按样品放置位置进行设置，并点击"标样浓度"设置好标样浓度；

6. 依次把标准空白、标准样品、样品空白、样品按自动进样器位置放好，压好蠕动泵管，载流槽内倒入盐酸，放好还原剂和盐酸瓶；

7. 点击"自动测量"，开始测量；

8. 测量完成后，将进样针、进还原剂和盐酸的毛细管放入去离子水中，点击"仪器清洗"，输入清洗次数，开始清洗；

9. 关氩气，退出仪器工作站，松开蠕动泵块，关闭仪器电源。

附录 4　AFS-830 型氢化物发生-原子荧光光度计操作规程

1. 开机顺序

（1）打开吸风罩通风，检查仪器是否水封。

（2）打开氩气钢瓶总阀和减压阀，调节减压阀压力 0.2～0.3MPa。

（3）依次打开计算机、主机电源、流动注射进样器电源。

（4）打开 AFS-830 程序，进入自检状态，自检完成后点击"返回"，即进入测量主菜单。

2. 测量操作步骤

（1）点击"元素表"。完成元素灯识别选择。

（2）点击"仪器条件"，进行仪器条件设置：①点击"测量条件"，选择"test"，预热仪器 20min；②点击"标准空白和 test"，位置"0"和"1"；③点击"间歇泵"，设置间歇泵程序为仪器默认值；④约 20min 后，点击"测量条件"，此时选择"peak area""荧光值""标准空白位置号"，点击"确定"。

（3）点击"标准系列"，双击表格，输入浓度及位置号。

（4）点击"点火"，此时仪器点火，观察元素灯是否点亮。

（5）点击"测量窗口"，在"测量"中选择"从当前位置开始测量"，仪器则按顺序开始测量标准溶液。

（6）点击"标准曲线"窗口即可得到工作曲线。若标准曲线线性相关系数达 0.999 以上，则可进行下一步的样品测量，否则选择"重做"，或者重新配制标准溶液继续测量。

（7）点击"样品参数"可以添加样品，同时需要选择"样品空白"。在"属性修改"中可对已设定样品的参数进行修改。

（8）在"测量窗口"中点击"测量"，选择"从当前位置开始测量"，仪器则按顺序开始测量样品溶液。

（9）测量完成后，将还原液以及载流液均换成蒸馏水，点击"清洗"，让仪器自动清洗半小时。

3. 关机顺序

（1）退出 AFS-830 程序，依次关闭流动注射进样器电源、主机电源、计算机。

（2）关闭氩气瓶总阀和减压阀，关闭氩气阀门。

附录 5　Optima 5300 DV 电感耦合等离子体发射光谱仪操作规程

1. 开机。打开通风系统，打开氩气 80～90psi（1psi＝6894.76Pa），吹扫气 40psi，切割气 70psi，循环水温度 20℃；氩气纯度应在 99.996 以上。

2. 打开计算机和主机，双击 WinLab32 进入工作界面，光谱仪预热。

3. 安装好样品管 sample tubing 和废液管 drain tubing，点击 Plasma 图标，进入 Plasma control 对话框，点击 Plasma on 点燃等离子体炬。点炬过程全部自动进行，操作人员可以通过观测窗观测，意外情况时，按紧急红色按钮停止点炬过程。

4. Method 方法编辑。在方法编辑 Method Editor 对话框选择待分析元素，按软件提示逐步执行建立方法，准备就绪后手动进样。

5. 分析完毕后，编辑报告文件。

6. 选择 Reprocess，调入原方法；经过再处理可以显示图谱，结果可以再保存。

7. 准备关机。完成分析后应清洗进样系统，清洗时间和样品有关，一般可以先喷 2%～

5% HNO_3 大约 5min，再喷去离子水大约 5min。样品基体复杂的要延长清洗过程。结束后在 Plasma 框熄矩，熄矩后仪器将保持 Plasma 和 Aux 气体 1～2min 冷却矩管，此时应继续保持提供氩气。排出雾室内余液，停止蠕动泵，松开蠕动泵管。

8. 退出 Windows。关闭计算机、显示器和打印机。循环水机、载气、切割气、仪器将处于待机状态。

附录 6　Elan DRC-e 电感耦合等离子体质谱仪操作规程

1. 主机开关机顺序（主机一般情况下不关，到学期末会关机）

（1）开机顺序：CB2→CB1→CB4→CB3→VACUUM（按住 3s）。

（2）关机顺序：VACUUM（按住 3s）→CB3→CB4→CB1→CB2。

2. 测试开机

（1）确认通风良好，氩气足够，开总阀，分压阀，分压 0.5～0.6MPa，打开冷却循环水（两个按钮，先开后边的，再开前边的）。

（2）打开电脑，双击 "Plasma Lab" 图标，进入操作软件检查仪器处于 vacuum ready 状态下（如果气未通，则显示 Not Ready）；Ana. 真空显示小于 $6×10^{-7}$ mbar。

（3）卡好蠕动泵管，先排废，单击 Devices→Fast（开始）→Fast（结束）。然后将样品管插入 2% HNO_3 中，单击 "Start" 按钮，仪器开始点火，几分钟后进入 "operate" 状态。

3. 编辑方法

（1）单击 Method，右击 Analyte 下面空格，弹出元素周期表，选择待测元素，单击 "OK" 即可。

（2）若有内标元素，选好元素后，将其全部选中。

（3）单击 "Edit" → "Define Group" 然后选中内标元素，单击 "Edit" → "Set Internal Std" 即可。设置样品参数单击 "Method"，进入如下界面，依次设置各个参数（Processing 和 Equation 两个模块无调整）。

（4）保存方法。

4. 测样

（1）单击 "Sample"（Analyses 下边一定要打对勾）依次测定标准空白、标准系列（记住每次测定都要改前边的序号）。

（2）数据导出将测量结果全选，单击 "Summary Report"。

附录 7　Agilent 6890N 型气相色谱仪操作规程

1. 开机

（1）打开载气及支持气，设置减压阀氮气 0.5MPa；氢气 0.2MPa；空气 0.5MPa。

（2）打开计算机，进入 Windows 2000 操作系统。

（3）打开仪器电源，等待仪器自检完毕，启动成功提示 Power on Successful。

（4）双击桌面 "Online" 图标进入工作站（在 "Offline" 下不可以进入 "Online"）。

2. 编辑方法

（1）在 "Method" 中选择 "Edit Entire Method"，在全部四项前选 "√"，单击

"OK"，键入方法注释内容，单击"OK"。

（2）按照仪器的实际配置选择进样方式：GC Injector（自动进样器）、Valve（阀进样）、Manual（手动进样）。单击"OK"。

（3）"Apply"表示执行参数改变但不退出此画面，"OK"表示执行并退出，"Cancel"表示不执行退出。分别设置 Injector（自动进样器）、Valve（阀操作配置）、Inlets（进样口）、Columns（色谱柱）、Oven（柱温箱）、Detectors（检测器）、Signals（信号）、Aux（辅助加热区）、Runtime（运行时间表）、Options（选项）等。设置完毕后单击"OK"。

（4）保存方法：保存原有方法、换名保存方法、方法编辑完毕。

3. 数据采集和分析

（1）在"View"中，单击"Data Analysis"。

（2）在"File"中，单击"Load Signal"，选中数据文件名后单击"OK"。

（3）在"Graphics"中，单击"Signal Options"。

（4）在"Range"中，选择"Autoscale"，单击"OK"。

（5）在"Integration"中，选择"Auto Integration"。

（6）若对积分结果不满意，应优化积分。在"Integration"中单击"Integration Events"。Slope Sensitivity 表示灵敏度，可以删除噪声积分；Peak Width 表示半峰宽；Area Reject 表示面积截除，比设定值小的峰被截除；Height Reject 表示峰高截除，比设定值小的峰被截除；在 Value 中键入合适的值，单击左边"√"图标；若对积分结果不满意，重复优化积分步骤。

4. 关机

（1）关闭 FID 火焰（将 Flame 前的"√"去掉）。

（2）将炉温初始温度设置为 30℃，关闭进样口、检测器、辅助加热区温度，退出化学工作站，退出时不保存方法。

（3）等待各加热区降温至室温，关闭仪器。

附录8　1120型气相色谱仪操作规程

1. 开机

（1）检查气路管线、电源线、信号线等连接是否正确，色谱柱是否安装。

（2）打开载气钢瓶主阀和分压阀，主阀压力一般不低于 3MPa，调整分压至 0.4MPa，打开载气管线上的开关。

（3）开主机，在仪器面板上设定气化室温度、柱温、检测器温度。

2. 方法编辑

（1）在主菜单界面按数字 1 进入进样器界面，选择前进样器，设置温度按确认键。

（2）在主菜单界面中按数字 2 进入柱箱界面。

（3）恒温状态：按上下键移动光标到"柱箱设定温度"。设置温度并确认，将光标移动到"柱温箱加热控制"按右键打开控制开关。

（4）程序升温：按上下键移动光标到"选择柱箱程序控制"界面选项，按右键进入程序控制界面，输入初始时间、一阶速率、一阶温度、一阶保持时间。按启动键启动，启动程序升温。

（5）在主菜单中按数字键 3 进入"检测器"界面，对检测器温度进行编辑。

3. 开软件

打开主机电脑，打开气相色谱软件。

软件中选择合适的通道，开始采集信号。

4. 样品测定

（1）检测器温度升高至 120℃以上，打开氢气发生器和空气起源开关，并打开开管线上的开关阀。

（2）待氢气和空气压力达到 0.4MPa 以后，按点火开管点火。

（3）待色谱条件达到设定值，并且基线平稳以后，可以开始进样。

附录 9　L600 液相色谱仪操作规程

1. 准备工作

（1）根据需要选择和安装合适的色谱柱。

（2）在容器中放入已经过滤、脱气的流动相，把吸滤过滤头放入容器中。

（3）检查仪器各部分是否正常，连线是否正确。

2. 开机

（1）启动

① 打开电源启动计算机操作系统，开启各部件电源开关，电源灯亮起。

② 打开色谱工作站。

③ 进入用户管理登录界面，默认的用户名是"admin"，密码是"000"。可以通过"用户管理"程序重新设置用户及权限

（2）启动"控制采集"界面

① 单击"控制采集"按钮，按钮变蓝，然后单击界面右下角的"启动"按钮，出现"仪器自检"界面。

② 仪器自检全部通过并经过参数的初始化后，直接进入到"控制采集"界面（如果有部件未联机或者部分自检项目没有通过时，将会弹出"警告"对话框，则需检查相应组件，然后重新启动工作站）。

（3）冲洗泵

① 手动旋开泵的排空阀，将鼠标放在流程图表示泵的部分并单击右键，选择"冲洗"选项并单击，弹出冲洗控制对话框，设定"冲洗流速"和"冲洗时间"后，单击确定，开始执行泵冲洗操作。

② 到达设定的时间，此操作将会自动停止，停止后手动拧紧泵的排空阀。

（4）平衡系统

① 初次运行一次样品，必须事先创建一个新方法（如果已有可供使用的方法，可以在"方法"菜单中选择"载入方法"，将方法载入）。

② 点击"方法"菜单下的"编辑方法"，即可建立新的仪器方法，共分七个不同的向导界面，依次为：方法相关信息、泵设置、进样器信息、柱温箱信息、检测器信息、积分设置、方法建立完毕。在最后一个"方法建立完毕"界面，选择"应用本方法"，将本方法设置为当前方法。如果想要将此设置保存，可以在"方法"菜单中选择"方法另存为"选项，

将方法保存起来。

③ 参数设置完成后，可以直接点击，使泵开启，然后点击，使图谱开始采集。系统的平衡通常需要半小时左右，可以观察基线是否走平来判断系统是否达到平衡。

3. 样品分析

（1）进样

① 设置样品的进样信息，点击"控制"菜单下的"进样信息"，依次设置文件信息、样品参数、注释。

② 观察到系统平衡后，可以进样。使用手动进样器进样时，新的进样器最好预先用甲醇和色谱用纯水清洗，并且在进样前和进样后都需用洗针液洗净进样针筒（洗针液一般选择与样品液一致的溶剂），另外进样前必须用样品液清洗进样针筒3遍以上。将微量注射器吸取适量的样品（手动进样时，进样量尽量小，使用定量管定量时，进样体积应为定量管的3～5倍），针头向上，排出针筒内的气泡，并用滤纸将针头上残留的液体轻轻吸干，然后将手动进样器的旋钮扳到"Load"的位置，快速将样品注射进去，然后将手动进样器的旋钮扳到"Inject"的位置，使样品能够进入到系统中。

（2）数据分析

① 可以通过在主界面选择数据分析界面，并单击"启动"按钮来打开分析界面。

② 打开数据：打开数据前先单击按钮切换到色谱图分析状态。然后单击按钮来打开色谱数据。也可以通过文件——打开数据的菜单操作来完成。经过上面操作后弹出对话框，选择想要打开的谱图后，单击确定即可。可以同时打开多个谱图，同时通过单击谱图对应的页签切换当前显示的色谱图。

③ 积分：数据的积分有其专业界面，可以通过点击按钮切换到积分的专用界面。每次打开数据文件时会根据当前数据处理方法自动进行积分处理。

4. 关机

（1）清洗进样阀：设定流动相的流速为 $0.1\sim1mL\cdot min^{-1}$。用注射器吸 10mL 流动相；将注射针导入口冲洗头（购买仪器时附带的一个白色塑料转接头）连接到注射器出口上（不要针），并将它们一起接到进样口上；使进样阀保持在 Inject 位置，慢慢将注射器中的液体推入，液体将绕过样品定量管由样品溢出管排出。

（2）清洗管路：关闭检测器，保持流动相冲洗管路约30min（当流动相中有缓冲溶液或盐时，一般先用超纯水以 $1mL\cdot min^{-1}$ 冲洗 40min 以上，再用甲醇或乙腈冲洗 20min）。

（3）关机：清洗完成后，先将流速降到0，再依次关闭电脑主机、显示器、打印机，最后关闭色谱仪各组件，断开电源，填写使用记录。

附录 10　GCMS-QP2010 型气相色谱-质谱联用仪（GC-MS）操作规程

1. 开机

（1）打开氦气瓶，将分压表调到 $0.5\sim0.9MPa$；打开质谱仪电源开关；打开气谱电源开关；打开计算机。

（2）进入系统及查抄系统配置，双击 GCMS Real Time Analysis，出现一短、一长两声鸣响，表示连接 GC、MS 成功，进入主菜单窗口，单击辅助栏中"系统配置"，设定系统配置，无误后退出。

（3）启动真空泵方法：单击辅助栏中"真空控制"图标，出现真空系统荧幕，点击"高级"，出现完备预示内部实质意义；在 Vent valve 的灯呈绿色（即关闭）的前提下，启动机械泵（Rotary Pump），自动启动/Auto Startup；低压真空度 10Pa 时，启动高真空泵。

（4）系统调谐。

2. 方法编辑

（1）单击辅助栏中"数据采集"，点击"向导"图标后，进入方法编辑。

（2）设置 GC 参数

输入柱箱的初始温度；依据目标组分的沸点，输入进样口温度；选择分流或不分流；设置柱温程序。

（3）MS 参数的设置

输入接口温度；设置溶剂延迟时间；输入测定目标组分的开始时间和结束时间；选择 Scan 输入采集离子的质量范围。

（4）保存方法文件

单击辅助栏中"方法细节"，可以进一步确认进样器、GC 及 MS 的设定参数，确认无误后，点击工具栏中"文件"，点击"保存方法文件"或"方法文件另存为"，输入文件名称，保存在相应的文件夹内。下次分析同样样品，可直接调出方法文件。

3. 样品的测定

进入"数据采集"中，点击"样品登陆"，设置样品名，样品编号，方法文件，样品文件，进样量，调谐文件。设置好后，点击"待机"，待 GC、MS 均变绿色字体后，进样，按"开始"，进行单次分析。

4. 关机

（1）日常关机

在实时阐发中的上边菜单中的开关图标（daily shutdown）控制，此时为低温，低流量（根据设定值执行），关机时，只需关闭计算机和显示器，不需关闭气源、气相色谱仪、质谱仪、真空系统和总电源。目的为了节约载气，防止仪器污染，在一定时期内不进行样品分析，则使用日常关机。在工具栏中点击"日常关机"，弹出日常关机对话窗口。

（2）系统关机

单击实时分析助手栏中的真空控制图标，真空控制图标打开；单击自动关机，仪器开始降温，温度降至 120℃后真空系统关闭；此时关闭工作站、气相色谱仪、质谱仪及附件电源、气源和总电源等即可。

当长时间不用或仪器维护时，如更换色谱柱、清洗离子源和更换灯丝等需要系统关机。

参考文献

[1]《岩石矿物分析》编写组,岩石矿物分析第一分册.第3版[M].北京:地质出版社,1991.

[2]《岩石矿物分析》编写组,岩石矿物分析第二分册.第4版[M].北京:地质出版社,2011.

[3]《岩石矿物分析》编写组,岩石矿物分析第三分册.第4版[M].北京:地质出版社,2011.

[4] 张懋.岩石矿物分析[M],北京:地质出版社,1986.

[5] 邱海鸥,帅琴,汤志勇.地质分析[M].北京:化学工业出版社,2014.

[6] 李季,邱海鸥,赵中一.分析化学实验[M].武汉:华中科技大学出版社,2008.

[7] 谢静,付凤英,朱香英.高校化学实验室安全与基本规范[M].北京:中国地质大学出版社,2014.

[8] 罗焕光.分离技术导论[M].武汉:武汉大学出版社,1990.

[9] 杨铁金.分析样品预处理及分离技术[M].北京:化学工业出版社,2007.

[10] 邵令娴.分离及复杂物质分析[M].北京:高等教育出版社,1994.

[11] 罗宗铭.三元络合物及其在分析化学中的应用[M].北京:人民教育出版社,1982.

[12] 王亦军.仪器分析实验[M].北京:化学工业出版社,2009.

[13] 陈国松,陈昌云.仪器分析实验[M].南京:南京大学出版社,2009.

[14] 张祥民.现代色谱分析[M].上海:复旦大学出版社,2004.

[15] 孙毓庆.现代色谱法.第2版[M].北京:科学出版社,2016.

[16] Pawliszyn, Janusz. Handbook of Solid Phase Microextraction [M]. Beijing: Chemical Industry Press, 2012.

[17] Shuai Q, Ding X, Huang Y, et al. Determination of fatty acids in soil samples by gas chromatography with mass spectrometry coupled with headspace solid-phase microextraction using a homemade sol-gel fiber [J]. Journal of Separation Science, 2014, 37 (22): 3299-3305.

[18] 邓海冬,帅琴,丁晓晓,等.新型有机-无机杂化涂层-气相色谱/质谱联用测定正构烷烃性能研究[J].岩矿测试,2012,31 (6): 1015-1020.

[19] 顾涛,帅琴,高强,等.新型固相微萃取装置的研制及在有机磷农药检测中的应用[J].岩矿测试,2012,31 (1): 71-76.

[20] 帅琴,杨薇,郑岳君,等.固相微萃取与气相色谱-质谱联用测定有机磷杀虫剂的残留量[J].色谱,2003,21 (3): 273-276.

[21] 帅琴,龚宇,杨薇,等.反相高效液相色谱法测定可乐,茶叶中的咖啡因[J].分析试验室,2002,21 (1): 68-70.

[22] 肖芳,汤志勇,郝志红,等.超声提取-氢化物发生-原子荧光光谱法测定水系沉积物中 As(Ⅲ)和 As(Ⅴ)[J].岩矿测试,2011,30 (5): 545-549.